2029

Herausgeber Gerhard Deutsch
2014

Copyright by Deutsch Gerhard
Selfpublishing.

Einzelne Namen bzw. Begebenheiten
sind frei erfunden.

Für Namentliche Übereinstimmung
Angesprochener wird nicht gehaftet.

Dieses Buch ist eine Mischung
aus Fiktion und fiktiver Realität.

Einzelne Quellen sind angegeben

Moral ist die subjektive
Ansicht des Einzelnen
von Gutem und Bösen
deren ein objektives
Dogma als Damoklesschwert
darüber steht.

Sicherheit ist ebenso
subjektiv, die Realität
eine objektive Regelung
bei jeniger, sich jedoch
niemand mehr sicher ist.

Die Zukunft ist die
Geschichte, welche sich
mit gleichbleibender
Konstanz durch die Gezeiten
zieht um zur prophezeiten
Zukunft zu werden.

Millennium wurde dem Großteil der zivilisierten

Erdbevölkerung erst zum Begriff als es mit
dem Jahrtausend zu Ende ging.
Anfang 1990 wusste kaum jemand was dieser
Begriff eigentlich bedeutete.

Kaum ging es 1999 dem Dezemberende zu
wusste es beinah jeder.
Jeder Schlosser, jeder Schüler, jeder Trafikant
usw.

Der Euro, wurde der europäischen Bevölkerung

mehr oder weniger als Goldstück verkauft, mit
dem Wert eines Blatt Papiers.
Jubelszenen im TV sorgten zudem für noch
mehr Furore.
Die Unkenrufe der konspirativen
Experten ohne Namen, wurden gezielt entwertet.
Ebenso das Leben, die Glaubwürdigkeit und unsere
Zukunft.
Osterweiterung und Arbeitserlaubnis für alle, mit Vorliebe

aus Staaten, in denen der Grundlohn gegenüber dem der
westlichen Staaten, frappante Unterschiede enthielt
überschwemmten im Nu die Staaten, welchen es vor der

Europäischen Union, vor der Überrumpelung durch den
Euro relativ gut ging.

Effizienz, sollte doch für Gewinn stehen.
Mit Verneinung kann man dies heute feststellen.
Nicht alles was regiert hat auch das Sagen.
Nicht wenn Banken und Börse gemeinsam mit dem reichsten Promille Hand in Hand geht.
Wo Macht ist, geht Macht aus und fließt Macht inne.
Das gemeine Volk, dem geht die Macht aus.
Vom Volke gewählt, fürs Volk in der Pflicht.

Ein fataler Trugschluss.

Dabei war der Ursprung des ganzen europäischen Miteinander
ein eher harmloses Unterfangen.

Die Europäische Union wurde mit dem Ziel gegründet,

den häufigen und blutigen Kriegen zwischen Nachbarn

ein Ende zu bereiten, die ihren Höhepunkt im Zweiten Weltkrieg gefunden hatten.

Die heutige Wahrheit zeigt jedoch eine andere Entwicklung.

2029

Das Jahr hat begonnen wie das Alte endete.
Im TV sieht man immer das selbe Szenario.
Der Euro ist in schwindelerregende Tiefen gestürzt.
Menschen werfen ihr Geld in den Ofen, um wenigstens etwas zum Heizen zu haben.

Bettler sind überall, kaum jemand hat noch Arbeit.
Und Arbeitsämter haben schon vor langer Zeit dicht gemacht.

Hunger und Verzweiflung, seit der Zusammenbruch der
Mitgliedstaaten der europäischen vereinten Nationen, ein
Krisenloch in alle Haushalte riss.
Die Undurchsichtigkeit der vergangenen Jahre hat wirtschaftlich
alle Transparenz verloren.
Jene Transparenz welcher jeder Bürger nun unterliegt.

"Die wissen doch alles, jeden Schritt, jedes Wort, dagegen ist
Big Brother ein Klax."

Roland hat genug von dieser ganzen Mafia.
Er hat es die letzten 15 Jahre immer wieder prophezeit, aber
niemand glaubte ihn.
Roland ist einer von Milliarden die nun die Suppe ohne Inhalt
auslöffeln müssen.

Banken gab es bis vor kurzem wie Sand am Meer.
Was die wenigsten wissen, es handelte sich dabei um ein
und dieselbe Bank, zur Verwirrung unter zig verschiedenen
Namen

Blendung, das oberste Gebot, wenige wissen warum es so ist
wie es sich im Momentum zuträgt.
Und das soll auch so bleiben.
Schließlich haben sich die Menschen jahrelang blenden lassen
und nichts hinterfragt.
Die Wahlbeteiligungen sind im Laufe der 2 Jahrzehnte dramatisch
gesunken.

Doch wie alles seinen Lauf nahm, weiß zwar Roland, und viele andere, jedoch der Großteil hätte so ein Szenario nie erwartet bzw. vorstellen können.

2014

Rechtspopulisten kamen bei der Europawahl zu einem guten Ergebnis.
Jedoch kam ein Länderpakt nicht zustande.
Das ausschlaggebende Quäntchen Skandal kam ausgerechnet
aus Polen, zu rechts, zu radikal.
Diese Kraft zog aufgrund nationaler Unzufriedenheit einzelner Staaten wie Ungarn, Frankreich und einiger weiterer Mitgliedstaaten
langsam jedoch unaufhörlich seine Kreise.
Momentane Regierungen hatten nicht nur den Anschein der EU-Konzern-
Banken Lobby hörig zu sein, in vielerlei Hinsicht war es für Insider
offensichtlich.

Die einzelnen Bevölkerungsschichten, von oben bis unten, hatten
es satt.
Ausgenommen die wenigen die ohnehin wussten wohin die Reise
gehen soll.
Doch anstatt sich auf die Hinterbeine zu stellen und den Unmut
offen kund zu tun, resignierten Sie.

Geredet und geschimpft wurde zur Genüge, jedoch kann so ein
defensives Verhalten nicht die Spur von Veränderung bringen,

Doch war man es sowieso gewohnt über jede Regierung zu lästern,
ob nun vor oder nach dem EU-Beitritt.
Auch war es völlig gleich ob diese nun Italien, Deutschland oder
Frankreich regierte.

Diskrepanz gab es immer und zu jeder Zeit.
Gelogen wurde auch bis die Balken Bögen machten.
Nur ein kleiner jedoch prägnanter Unterschied machte es erst
möglich, dass die Bevölkerungen den Draht zur Politik verloren.
Das Desinteresse wuchs mit zunehmender Zeit im Europaknast.

Kürzel wie ESM, CETA usw. führten zu mehr Unwissenheit und
nachzufragen hatten wenige das Bedürfnis.
Deutschland hat seit geraumer Zeit nicht wirklich Alternativen um
eine neue Regierung zu wählen.
Zu drastisch der Pool der politischen Versager und die Packelei zwischen
Brüssel und den Mitgliedsstaaten.

Der Zeitverlauf zeigt außerdem auf,dass es laut Experten kein

Zurück mehr gibt.

Und dies geschah mit Kalkül.

Der ESM-Fiskalpakt, eine Art sparen in Zeiten in denen ohnehin
kein Geld vorhanden, kurzum Totsparen.
Laut diesem sollten Staaten forciert werden, denen es wirtschaftlich
nicht gut geht, einfach ausgedrückt.

Paradox dabei: mit dieser Politik des Totsparens kann der gesamte
europäische Handelsraum nur zugrunde gehen.

2008

Roland Cervik arbeitet bei einer namhaften Bank als Filialleiter.
Er hat sich vor 15 Jahren nach dem Abschluss der Handelsakademie
um eine Stelle in der hiesigen Bank in Wien beworben.
Nach zwei Monaten als Schalterbeamter fein in Sakko und Anzugshose
machte er Fortbildungen, um es in diesem Beruf zu etwas zu bringen.
Er stammt aus einer Arbeiterfamilie und wollte es zu mehr als seine Eltern und Geschwister bringen.
Herr Cervik fühlte sich wohl und liebte was er tat.

Er kannte seine Kunden, verlieh Kredite, sei es für Hausbau oder

ein neues Auto, seine Kunden waren freundlich, und dankbar.
Es war ein gutes Gefühl und so gut wie jeder kam seinen Verpflichtungen
nach.

Die Menschen verdienten nicht schlecht, Arbeit war vorhanden
zudem wurde er im Jahre 2001 zum Filialleiter befördert.
Es könnte nicht besser sein.

Immer öfter häuften sich Gerüchte dass viele seiner Kollegen
in Immobilien investierten.
Was er nicht so recht verstand, denn Roland wusste nur zu gut
um das damit verbundene Risiko.

Doch sei es Naivität oder einfach nur sein Pflichtbewusstsein,
das ihn nicht an der Legalität zweifeln lies, sondern er einfach
nur den fahrlässigen Übermut seiner Kollegen bedauerte.

Mit den Monaten und Jahren blickte er erstmals hinter die Kulissen
und er war empört.
Spekulative Geschäfte auf dem Rücken von Rentenanlegern.
Diese armen Menschen, welche ihr gesamtes Hab und Gut einzahlten,
um es im Ruhestand besser zu haben, wurden übers Ohr gehauen.

Eines guten Tages kam sein Vorgesetzter in sein Büro. Was ihm
an diesem Tag vorgetragen, besser gesagt, befohlen wurde

ließ ihm an seiner bisherigen Überzeugung zweifeln.

"Cervik, verscherbeln sie bitte mehr Versicherungen, die kann man

ja ohnehin zu Bankzwecken an alles und jeden untermogeln.

Oder glauben's wir bieten sämtliche Produkte nur zum Spaß an?

"Merken Sie sich, nur ein schuldiger Kunde ist ein guter Kunde!"

Damit war ihm nun klar, je öfter ein Kunde aufstockt und dafür eine

Sicherheit stellen muss, umso besser. Denn dafür braucht er Versicherungen

die der Kunde niemals wieder erhält.

Bilanz des Ganzen: Die Bank gewinnt immer!

Bis zum Jahr 2008 wurde bei ihm ein Magengeschwür diagnostiziert

Zur Arbeit erscheint er immer seltener, in die Öffentlichkeit traut er

sich immer seltener.

Im Gegensatz zu früher begann er seinen Job zu hassen.

Cervik bewunderte als Jugendlicher immer die Vertrauensperson

hinter dem Schreibtisch.

Heute ist dem ganz und garnicht mehr so. Er geniert sich, einfache,

verzweifelte Menschen, die unter der Geldentwertung durch den

Euro leiden und um Hilfe bitten, auch noch das letzte Stückchen

Würde abzuluchsen.

Investmentfonds, Immobilien, und vieles mehr an denen nur, und explizit
nur die Bank verdient.

Endeffekt war, Cervik kündigte und machte erstmal ein halbes Jahr Urlaub.
Nun hatte er Zeit zum Nachdenken und je mehr er sich mit der aktuellen Situation auseinandersetzte, Nachrichten analysierte,
sich im Internet Informationen beschaffte, desto klarer wurde die
Richtung in jener sich das Leben der Bewohner dieser vielen Staaten

der Euro-Zone bewegen würde.

Die Bankenkrise, Wirtschaftskrise, Spekulanten, alles spielte dem
Riesen der Brüsseler Mafia in die Hände.

Doch wer dachte, dass das System dieser Führungselite welche
laut ESM nicht angreifbar sind, das eigentliche Übel ist,
der hat nicht verstanden, dass es
so gar nicht nur um Europa ging.

Zu komplex und langfristig waren Tatsachen die noch kommen
sollten.
Doch zum Zeitpunkt Cerviks Recherchen wirkte vieles noch recht stabil.

Es gab noch genug Arbeit, Arbeitsämter zahlten recht gut, für ein
Durchschnittsleben reichte dies noch.

Noch!

2009

Im Januar, Amerika hat gewählt. Mit Barack Obama ist ein neuer,
frischer Wind ins weiße Haus eingekehrt und die allgemeine Stimmung befand sich in einen Hochgefühl.

Vieles wurde versprochen, die Beziehung zu Europa hat ein gutes
Omen in Form eines jugendlich wirkenden farbigen Friedenspräsidenten.
Erwartungen waren hoch.

Nach der Ära Bush, dem New Yorker Attentat vom 9/11 und
Kriege im Irak und Afghanistan müsste es nun auch
mit der Weltwirtschaft aufwärts gehen.

So dachten viele, wenn nicht die Meisten.

Der erste farbige Präsident der USA, eine Unvorstellbarkeit sondergleichen.
Noch eher hätte man sich einen terminierenden
österreichischen
Bodybuilder als Nummer 1 in dem Land der unbegrenzten Möglichkeiten vorstellen können.

Ja die Geschichte zeigte schon immer, erstens kommt es anders,
zweitens als man denkt.

Allein für Worte ohne folgende Taten, erhielt Präsident Obama kurz
nach Antreten seiner ersten Amtszeit den Friedensnobelpreis.

Unglaublich aber wahr.
Was folgte war nichts anderes als die Fortsetzung von dem was Bush verbrochen hat.
Als hätte man statt dem Teufel das Übel gewählt.

Irak wurde weiter bekämpft, im Namen der Gerechtigkeit, Osama bin
Laden wurde zur Hauptsendezeit vor laufender Kamera hingerichtet
Mit tausenden Fragezeichen ob diese Hinrichtung erstmal legitim
und ob dies den Terror bekämpf?

Oder ob sich der Terror, welcher sicherlich nicht nur von einer Person
abhängt.
Was passierte?
Genau Guantanamo wurde nicht, wie versprochen, geschlossen,
Frieden im Sinne des Nobelpreises wurde nicht geschaffen.
Soviel zur Glaubwürdigkeit der amerikanischen, demokratischen Wahl
und deren fortschrittliche Friedenspolitik.

Alles Lüge!

2010

Die Wirtschaftskrise erreicht einen neuerlichen Höhepunkt.
Sündenböcke sind rasch gefunden.

Die Griechen sind schuld.
Die Spanier ziehen den Euro ins Nimmerland.
Italien ist inkooperativ.

Wer, wie Roland Cervik, sich verschärft mit den Machenschaften
dieser Gutstaaten, allen voran Deutschland mit ihrer Führerin
Angela Merkel, welche den Sündenbock überall hin
und herschieben will, jedoch extrem an Glaubwürdigkeit verliert
und somit alles schön redet, beschäftigt und analysiert,
der findet unzählige Ungereimtheiten.

Jedoch das deutsche Volk hatte schon vor Jahren die Schnauze
voll von leeren Versprechen und den interimistischen Verbrechen
an der Menschlichkeit.

Juni 2010

Cervik hatte nach Jahrelanger Recherche das Bedürfnis sich
Gleichgesinnte zu suchen.
Im Netz kein Problem, doch die größere Hürde war, von jenen
die

genauso hinter die Kulissen blickten, die Wahrhaftigkeit rauszufiltern.
Also mit jenen zusammen zu Arbeiten, denen Durchhaltevermögen

und die Überzeugung fest verankert, und die den Weg

gesäumt mit

Steinen bis zum Schluss mitgehen würden.

Monate des Interaktiven Austausches, Telefonate und unzählige
Treffen.

Doch um sich dieses Vorhaben leisten zu können, greift Cervik zu
einer List.
Er bewirbt sich wiederum bei Banken, um wieder in seinen Beruf
tätig zu werden.
Und siehe da, schon nach 2 Wochen sitzt er wieder hinter einem
Schreibtisch um Bankgeschäfte zu tätigen.
Die Bank in seinem ehemaligen Geschäftsfeld hat Cervik mit Kusshand
zurück genommen, unter der Bedingung, die Bedingungen der Bank
anzunehmen.

Heißt nichts anderes als, er muss den Kunden so ziemlich

alles andrehen, unterjubeln was möglich bzw. nötig ist um

dem Kunden lukrative Versicherungen, Fonds usw. zu

verschachern.

Jedoch im geschäftlichen Sinne der Bank.

Und da er sich bestens mit dem Aktienhandel auskennt, nutzt er dies
auch um den nötigen Mammon zu erhaschen, der seine Pläne finanziert.
Kurzfristige Shorts oder Long Effekte sind ihm immer noch die liebsten Formen.
Schnell, unkompliziert und mit genügend Hebelwirkung.
Für ihn die sicherste Art Kohle zu ackern.
Nicht sonderlich viel Einsatz jedoch zum Verdoppeln seines Einlagebetrages war ihm dies gut genug.

Durch Onlinebroker übers Handy zu diesen Zeiten kein Problem.

Also tätigte er Tag für Tag seine auferlegten Aufträge und verteilte
den Kunden, denen ohnehin jegliche Finanzübersicht von Dannen
zog und Cervik kaum mehr Mitleid hatte, alles was es zu verscherbeln
gab.
Er hat gelernt Egoist zu sein um sein Ziel, eine Opposition zum
politischen Lobby-Dilemma zu erschaffen.
Auch muss er an seine Familie und seinen Sohn denken.
Mit der Zeit wurde er zu einem der besten Filialleiter der Stadt.
Und seine Opposition zum Geldadel der internationalen Banken-Lobbyisten musste er finanzieren.
Seine Mitglieder, auserkoren aus einer Unzahl von Gleichgesinnten,
bezog er mit in seine Geschäfte ein.

Tagtäglich interagieren sie miteinander, um neues Background-
Wissen zusammen zu tragen, auszuwerten und eventuelle Maßnahmen
zu planen.

Einen Standort, in einem Wiener Innenstadt-Lokal, hatten die Revoluzzer seit 2 Monaten gefunden.

Sein erster Vertrauter namens Adolf Hütter, ein 35 jähriger Krankenpfleger trug ihn bei jedem Treffen, welches 2 mal die Woche,
Montag und Donnerstag, stattfindet, seit Beginn alles Neue an Recherchiertem zu.

Die Daten, Zahlen und Fakten übersteigen jedes Mal seine Erwartungen.

Faktum mit der größten Bedeutung ist die ESM Schweinerei, die Cervik jedes Mal die Stirnadern quellen lassen.

Hütter muss ihn jedes Mal bändigen bei diesem Thema.
Deshalb überspringt er diesen Punkt und lässt Listen schreiben.
Listen von Anliegen die man dem Volk zukommen lässt.

Diese Listen enthalten Fakten wie:

Originaltext:

Der Schilling, die D-Mark waren harte gesetzte Währungen.

Die Bevölkerung wurde um diese Sicherheit betrogen.

Österreich war ein sicheres unabhängiges Land.

Ein beliebter Papst sagte vor ca 30 Jahren, Österreich ist eine wahre Insel der Seeligen.

Doch mit dem Mauerfall im Jahre 1989 fielen Schranken.
Gut war dies für Tausende die vom Kommunistischen Blendungssystem unterjocht wurden.
Freiheit war das Wort dieses Jahres.

Kaum war dieser Schritt getan, fühlten sich auch schon die selbsternannten Gutmenschen auf den Plan gerufen.
" Wir müssen uns vereinigen."

In Österreich kam im Laufe der Jahre der Slogan auf "Gemeinsam statt einsam".

Geplanter Betrug am Volk mit jenem Hintergrund dass alles, also
der Beitritt in die Eurozone, denn die EU gab es längst und hatte
nichts mit dem zu tun was mit der Zukunftsplanung Österreichs
betraf.
Zwei Großparteien zogen Deutschland unter Kohl, dem Kanzler der
nur darauf wartete dass es zu einer Wiedervereinigung kommt, nach
und besiegelten unsere Zukunft wie wir Sie heute erleben müssen

mit dem EU-Beitritt Österreichs, nicht nur in die EU sondern in die
Eurozone.

Was die Eurozone ist spüren wir seit Sie unseren Schilling ins Aus
schossen und uns diese Non Währung, nämlich den Euro vorlegten.

Lügen wie, "Nichts wird teurer!"
Lügen wie," Es bleibt mehr im Börserl!"
Lügen wie," Mitglieder helfen einander!"

Tatsachen wie, Undurchsichtigkeit, steigende Preise, wir zahlen
Unsummen nach Brüssel, Politiker forcieren unseren Ausverkauf
um uns voneinander abhängig zu machen.

Die Reichen kassieren.
Die Armen hungern.
Mittelschichten schwinden und unsere Volksvertreter belügen uns
nach Strich und Faden.

Der Draht nach Brüssel ist ein Einwegdraht.
Geld fließt hin, Strafen kommen zurück.

In diesem Sinne.

"Ja, gut fürs Erste Blatt."

"Drucken und unter die Leute bringen"

Cervik und Hütter sind voll im eigentlichen Element.

Sitzungen Montags und Donnerstags sollen Aufdeckungen bringen, doch auch Lösungsvorschläge.
Und da liegt der Hund begraben.

Denn dieser globale Betrug scheitert oftmals an der Verblendung
der Medien an Menschen.

Und genau dies macht Cervik beinahe wahnsinnig, denn wenn er
sich folgendes auf der Zunge brennen lässt:

So unfassbar es klingt, aber im Vertrag von Lissabon, dem auch der Deutsche Bundestag 2008 zustimmte, wird die Todesstrafe in der EU zwar abgeschafft,
aber es gibt Ausnahmen: Eine Tötung wird nicht als Verletzung dieses Artikels betrachtet, wenn sie durch eine Gewaltanwendung verursacht wird, die unbedingt erforderlich ist, um einen Aufruhr oder Aufstand rechtmäßig niederzuschlagen." Da birgt eine

innereuropäische Militärtruppe ein völlig neues Angstpotenzial.

Und inmitten wartet eine Militärtruppe nur darauf dass der Eurocrash Turbulenzen in Form von Aufständen auslöst.

Es liest sich wie eine Passage aus der Bibel.

Wenn der Euro scheitert, dann wird es Völkerwanderungen geben, Richtung deren Staaten, denen es noch besser geht. Sprich dort wo der Euro Gold wert ist.

Wer nur darauf wartet sind auf jedem Fall die Rothschilds und Rockefeller die aus jeder Krise Profit schlagen.

Eigene Treuhandfonds für den Fall von Attentate, Bestechung und
Kauf maroder Staaten zum Dumpingpreis.

Wer dann die Macht hat und bestimmt ist klar.
Auch dass diese neue Weltordnung kommt, egal wie es um den
Euro stehen wird, ist beschlossen.
Besser gesagt, im Gange.

Hier einige Zitate:

„Es ist besser, einen Tag im Monat über sein Geld nachzudenken,
als einen ganzen Monat dafür zu arbeiten."

Oder:

„Ich habe Wege, Geld zu machen von denen du gar nichts weißt."

J.D Rockefeller

Noch eines:

„Geld macht man wenn man kauft wenn das Blut die Straße runterläuft."
J.D. Rockefeller

Man muss kein Prophet sein um diese Art des Denkens zu deuten.

Um global bedeutend zu sein, muss man die Macht über das Erdöl
haben.
Wer die Macht über das Erdöl hat, der beherrscht die Welt.
Alles eine Frage des Geldes, der Macht und Bedeutung sei dies
politisch oder geschäftlich.

Dies auch ein Grund warum weder Elektroautos noch anders als mit Benzin betriebene Fahrzeuge Zukunft haben werden.

Sieht man sich die Benzinpreistabelle an wird schnell klar was wir
den Ölriesen in den Rachen werfen.

Österreich /Dollar: 1,37
Norwegen/Dollar : 1,63
USA/Dollar. : 0,56
Kuwait/Dollar. : 0,24

Klinget es????!!!!!!

Wien/Österreich

Doch hier im Staate dem Roland Cervik als Bürger bewohnt in einer Weltstadt in der Wohnungen seit geraumer Zeit nicht mehr
leistbar sind.

In der Gemeindewohnungen an Menschen vergeben werden die
das hier verdiente Geld in ihre Heimat schicken zu ihre Familien.
"Wo ist da die demokratische Logik"

Roland regt genau solch polemische Innenpolitik, die gegen das
eigene Volk, hier geboren, der Sprache mächtig und hier seine Ausgaben versteuert, sich richtet.

Roland ist bei Gott nicht ausländerfeindlich, jedoch ist es nicht von der Hand zu weisen, dass Migranten die sich nicht um hier vorherrschende Regeln, den Erwerb der hier vorherrschenden Sprache
kümmern und somit alle die sich hier wohlfühlen sich hier zu Hause
und sich komplett als Österreicher fühlen in der allgemeinen Meinung der Österreicher mit, in Antipathie fallen.

Es gibt hier eine Vielzahl ethnischer Hintergründe und das ist

gut.
Denn so lernt man eine Vielfalt kennen von der unsereiner lernen kann und umgekehrt.

Aber dies kann nur funktionieren wenn man diesen Weg Hand in Hand
gehen kann und nicht wenn sich bestimmte ethnische Gruppen
absondern und nichts zu unserem gemeinsamen Wohl beitragen
wollen.

Und doch, wenn man hier in Wien zu Rot steht, also SPÖ Lakai
ist, liest man sich die Subventionen des Rot-treuen
"Who is who" durch, dann ist genau dies nicht von der Hand zu weisen.

Um die 500 tausend Euro subventioniert man getreue Künstler.

Andere hingegen, Pensionisten lässt man in ihren alten

überteuerten

Wohnungen ohne Geldzuschüsse für Heizung dahinvegetieren.

Kommen diese dann in ein Pensionistenheim, streicht man das Pflegegeld, legt Hand an Besitztümer und dies obwohl

laut Wiener Pensionistenverband, Wien für kein Heim die Hand ins
Feuer legt.
Im Gegenteil, die Wiener Pensionisten kommen in Kuratorien, kirchliche Einrichtungen und Hauskrankenpflege floriert.
Alles selbstständig versteht sich.

Nicht wie am Land, zB Niederösterreich wo es Landespensionisten-
heime zu Hauff gibt.

Auch, dass der Bundeskanzler in den Jahren 2009/2011 und 2012
Teilnehmer an den viel kritisierten Bilderberger-Treffen war, macht
ebenso keinen Eindruck sonderlich vertrauenswürdig zu agieren.

Kein Wunder, dass die Bevölkerung sich langsam aber doch
endlich nach Alternativen umsah.
Es beginnt sich auch die Jugend zu fragen:
Welche Parteien gibt es? Und für was stehen Sie?

Großen Anklang fanden zwei Extreme.

Zum einen die Grünen, einst Umweltschützer Partei, jedoch wenn
Macht kommt hat die Umwelt hinten an zu stehen.
Am Besten sieht man dies in Form der Grünen

Vizebürgermeisterin
Wiens und stellt somit den Grundsatz der Umwelt Partei in Frage.

Auf der anderen Seite die blaue Partei die Freiheitliche Partei

Österreichs.

Von vielen, und die Wahlergebnisse belegen dies, die Partei der
Zukunft.

Laut Parteiheft steht diese für eine pro Österreich Politik, und prangert
eben das Versagen und den überheblichen Politstil der SPÖ an.
Was für viele Österreicher die einzig logische Konsequenz sein
dürfte.

Jedoch mit brauner Vergangenheit behaftet aus Zeiten Jörg Haiders verbaler Ausrutscher und forcierter Anti-Ausländer-Politik,
hat es, obwohl Wahres dran war, siehe Wahlergebnisse nach dem tragischen Tode Jörg Haiders, nun Heinz Christian Strache nicht eben leicht das Wesentliche bei Konkurrenten, vor allem
der SPÖ unter Faymann, der dies nun als Angriffspunkt benutzt,
vorzutragen.

Viel zu sehr scheint die Angst von der Macht gestürzt zu werden
bei Faymann zu sein.

Zudem sein Stern stark an Schein verloren, und zum Schein geworden
ist.

Künftige Wahlen werden es ans Licht bringen.

So geht's zu in Österreich des ersten Jahrzehnts des neuen Jahrtausends

Nicht viel anders als in vielen anderen Staaten der Europäischen Union
und solange dies so bleibt, und keine Austritts Parteien bemächtigt
werden, kann der Wahnsinn weiter gehen.

Und Kanzler Merkel beschönigt jedes Malheur mit den Worten,
"Wir müssen hart daran arbeiten...."

Ja, an was Frau Kanzler??
Das fragt sich nicht nur ganz Deutschland sondern auch Sündenböcke
wie Griechenland, Spanien und all die Mitgliedsstaaten die zwar
Rettungsgelder beziehen, das Volk jedoch herzlich wenig davon
bemerkt.

Cervik kriegt jedes Mal einen dicken Hals, wenn er diese Dame
reden hört.

Er weiß, dass Sie lügt, was am Immobilienmarkt los ist, weiß er
ebenso.
Doch bring die Bevölkerung mal dazu diese Warnungen ernst zu
nehmen.

März 2011

Konkurse, viele seiner Bankkunden mussten Konkurs
anmelden.
Schlechtes Gewissen?
Ja klar, schließlich war Roland nicht ganz unschuldig, doch hätte er
den Leuten sagen sollen wie der Hase läuft?
Die Bank gewinnt immer, wenn nicht, bekommt diese vom Staat
so lange Förderungen bis diese wieder Bonität erhält.

Unabhängig davon ob dem nun die Wahrheit unterliegt oder nicht.
Der Staat braucht Banken und die Banken den Staat.

Missbrauch der Macht, sei es Politik, Wirtschaft oder Kunst.
Alles ging einfacher mit Beziehungen, und diese schützten vor dem, was den Normalverbraucher mit Sicherheit in den Knast bringen würde.

Denen konnte die Wirtschaftskrise oder die stetigen Teuerungen
egal sein.
Denn das Volk stand schon immer für deren Unfähigkeit gerade.

2029

Roland Cervik und seine Familie verloren so einiges in den letzten
Jahren.
Doch in diesem Jahr gipfelte das Versagen und zwar das erzwungene
Versagen der Lobbyisten-Politik und der europäische Wahnsinn
hat sein Ziel erreicht.

Crash

Immobilien, Banken, Durchschnittsbetriebe und der Verbraucher,
am unteren Ende der Hierarchie, sollten büßen.

Weniger die Banken, denn denen gehören nun diese Immobilien
Und die Bank gehört der Regierung,

Diese wiederum gehört dem EU-Apparat in Brüssel.
Mit Verzweigung nach Frankfurt zur Europabank.

Gold und Immobilien, das Einzige das noch etwas wert ist.
Selig diejenigen ohne Bankverbindlichkeiten.
Wenn du schuldenfrei bist, dann besitzt du noch dein Haus und Hof.
Diejenigen deren Bankschulden enorm sind, können sich eigentlich einen Strick suchen, denn diesen besitzen Sie auch nicht mehr.
Traurig aber wahr.

Hanah Cervik 50 Jahre
Dieter Cervik 24 Jahre
Roland Cervik 55 Jahre

Rolands Gattin Hanah ist seit nunmehr 30 Jahren mit Ihm verheiratet
Ihr gemeinsamer Sohn Dieter machte auf Drängen des Vaters eine
Karriere an der Börse, ursprünglich ein Wirtschaftsstudium.
Roland fand damals als ihm bewusst wurde wohin der Weg gehen
wird, dass wenigstens der Bub sicher sein solle.
Durch seine Erfahrung mit Bankgeschäfte und Aktienmärkte
war er sich sicher dass dies der einzige Weg ist, der wenn
man intelligent genug sei, dessen Überleben sichert.

Doch was war schon sicher, seit jeher nichts.
Und seit einigen Jahren gar nichts.

Im Oktober 2028 wurde in den zahlreichen Medien mitgeteilt, dass
der Wert des Euros desaströs entwertet wurde, durch massive Spekulationen
rasselte der Euro ins Nirwana, er wurde nur noch zum Heizen verwendet.
Schon seit Monaten, doch nun war auch die bis vor kurzem
ultimative Währung im EU Raum
der Euro, durch Immobilienspekulation und dem unrealistischen Pushen, zu
einer monströsen Wirtschaftsblase, die daran zerplatzte,
nicht mal das Papier wert.
Zuletzt druckten Sie Billiarden Scheine.
Und das einzig erschwingliche war ein Stück Brot.
Obergrenze!

Nur diejenigen mit Immobilie und Goldvorräte waren sicher.

Und das Volk war arm dran.

Hinzu kommt die permanente Überwachung durch die globale
Sicherheit, eine Einrichtung welche vor 10 Jahren für die weltweite
Sicherheit mit ihrem Sitz in Paris und New York Ins Leben gerufen
wurde.
Antiterror, Prävention und Staatssicherheit wurde damals
vorgegaukelt.

Roland blickt auf seinen rechten Arm, zwischen Handgelenk und Ellbogen
wurde damals jeder und wirklich jeder, vom Baby bis zum Erwachsenen,
vom Broker bis zum Obdachlosen, mit einem kaum fühlbaren Siliconchip
ausgestattet.

Viele fanden dies gut.
Keine Karten für die ärztliche Versorgung, zahlen ohne Geld,
vorgegaukelte Sicherheit usw.
Doch was hilft nun bezahlen ohne Geld, wenn nichts mehr einen Wert hat.
Mit Sicherheit gar nichts.

Und ob die Herren und Damen, die seit nunmehr 12 Jahren nicht
mehr im eigenen Lande regierten, sondern alle bis auf wenige Ausnahmen
sich in die reichen Metropolen vertschüsst haben und von dort
mit ihren Kollegen die einzelnen Völker jahrelang mit

Aufwärtsparolen betrogen haben, auch diese Chips implantiert
haben?

"Dieter, wie schaut es zur Zeit aus im Börsengetummel?"

Dieter Cervik sieht seinen Vater lange an und teilt ihm mit dass
diese Entscheidung die sein Vater für ihn vorsah gut war.

"Du kannst dir nicht vorstellen, wie auf den Rücken derer die nichts
haben spekuliert wird und diejenigen reich macht, denen unsere
Bevölkerung einst ihre Stimme gab."

"Ja mein Sohn, so ist das Leben, und jeder muss jetzt auf sich selbst
schauen."

Faktum ist, dass die Menschen die Zeichen der Zeit nicht hören
wollten.

Gehandelt wird längst nicht mehr mit dem das den Crash verursachte.
Unzählige Möglichkeiten sich Reichtum ohne Geld zu erhaschen,
Geld war nie die Primäre im System.

Sondern Besitz und Forderungen, das bedeutet Macht, sich die
Bevölkerung zum Besitz zu machen, kurzum Sklaverei.

Im Ursprung wollten die Gründerväter der EU nach dem 2. Weltkrieg,
damit eine Opposition zum Kommunismus, zur Diktatur der Oststaaten,
was erreicht wurde ist genau das Gegenteil dessen.

Was heute im Jahre 29 des dritten Jahrtausends vorherrscht,
sind Chaos, Völkerflucht und Armut.

Cervik und die vielen andren haben es 20 Jahre vorprophezeit und
sind dabei auf taube Ohren gestoßen.

Nun da es nun soweit ist dass die Menschen und Völker jammern,
hat er kein Mitleid mehr.

Die Cervik's sind eine der wenigen, die die Jahre nutzten um sich
vorzubereiten, Roland, Hanah und ihr Sohn, der Börsenhai,
sind weitgehend unantastbar.

Doch wissen Sie nur zu gut, dass die ganz Großen alles unternehmen
werden, um auch Ihnen diese Existenz zu vereiteln.

Cervik hat keine Nachbarn mehr. Die Familie zog schon vor Jahren
aufs Land in ein Waldstück, um der kompletten Überwachung zu entgehen.
Denn diese Implantate sind zwar durch Satelliten überwacht, jedoch

Wo kein Handynetz vorhanden, mit denen diese Chips gekoppelt,
da auch keine Datenübertragung für globale Sicherheit.

"Vater, diese Chips müssen wir los werden, es ist kein Kunststück."
"Und wer soll diese Silikongremlins entfernen?"
Dieter nimmt eine Rasierklinge, "Hütter."
Sein einstiger Kollege in der Gegenbewegung von 2009 war diplomierter Kranken-
Pfleger.
Nur Dieter weiß zum Glück durch seine Kontakte wo dieser sich aufhält.

Roland sieht seinen Sohn bewundernd an, grinst und fügt an, "Na dann hol meinen alten Spezi!"

Tage vergehen, es ist der 12. April 2029.

Ein Mann, betritt die Räumlichkeiten der Cervik's, tritt sich die Schuhe
ab und sieht in ein erfreutes, jedoch gleichzeitig verwundertes Antlitz.

"Cervik, du alter Konspirator.

Die Beiden alten Freunde und Ex Revoluzer fallen sich in die Arme.

Dieter betritt kurz darauf sein Haus, das er zu gleichen Teilen bewohnt.
Adolf Hütter hat die letzten Jahre genutzt um sich von Schulden

und Besitz freizumachen, und Dieter als Insider bescherte ihn
gute Möglichkeiten, um unterzutauchen bzw. um sich
Anonymität
zuzulegen.

"Dein Sohn führt das weiter, dessen Standpunkt wir damals vertraten,
und dabei resignierten."

Adolf weiß zu schätzen was Roland Cervik durch seinen Sohn
an Hilfeleistung weitergab.

Damals waren die beiden fasziniert von Professor Hankel, der dieses
Szenario lange vor Einführung der verflechtenden Währung
prophezeite.
Also nachdem die drei Männer sich zu einem Glas Wein gesellten,
was eigentlich Luxus schlechthin war und ist, über Situationen
und Gegebenheiten
dieses Dilemmas diskutierten, öffnet Adolf Hütter sein Köfferl.

Gespannt sieht Roland zu was denn dieser kleine Koffer beinhaltet.
"Keine Angst, Roland, ich hab mir genug Wissen angeeignet,
sodass
ich eine Arztpraxis eröffnen könnte."

Er nimmt seinen rechten Arm, injiziert ihn ein
Betäubungsmittel und
wartet.
"Au, und du weißt was du tust?"

Schmunzelnd sieht er seinen Freund an, "Du bist nicht der Erste, den
ich dieses Silikongerät entfernt habe."

Er sieht zu Dieter, und zwinkert.

"Ja Paps, ich bin dieses Ortungsmonster längst los, ich könnte mich
ansonsten nicht frei bewegen."
"Was meinen Job anbelangt, bin ich mehr oder weniger eine Ratte im
Antisystem."

Durch diese Überwachung, vor allem jener, die Möglichkeiten haben,
durch Besitz das Hintergrundwissen des globalen Wahnsinns, war Dieter
bis vor Kurzem noch Opfer der EUSA Sicherheit.
Als Europa, allen voran Deutschland und die USA, fusionierten, war
es für die Mächtigen im Hintergrund ein Leichtes, jede Aktion und jeden
Schritt nach zu verfolgen.

Oft wurde ihm mit Jobverlust, Identitätsabnahme und sogar mit dem
Tode gedroht.
"Anfangs werden die beauftragten Militärs stutzig sein, da hier plötzlich
ein Signal fehlt."

"Doch da Sie ohnehin genug mit ihrem eigenen Versteckspiel zu tun haben, habe ich den Spieß umgedreht und Ihnen als Anonym, mit dem gedroht, was ihnen die größte Furcht bereitet."

"Nämlich offenkundig zu machen, wo sich diese Ratten aufhalten
bzw. wie die Meute das System umgehen kann."

Roland sieht seine gut geratenen Sohn bewundernd an und lässt dabei

die Mundwinkel leicht hängen.

"Das ist dein Sohn, Spezi," lacht Adolf Hütter.

Etwas nachdenklich sieht Roland Cervik zu Boden, die rechte Hand
vor dem Mund," dir is aber schon bewusst, dass du somit ihr größter

Feind bist, und die nicht aufhören werden dich zu veröden, ums mal
gelinde zu formulieren."

Ein Jugendlicher rebellischer Grinser kommt Dieter kurz aus als er
den Worten seines Mentors lauscht.
"Glaube mir, ohne den Chip finden Sie uns nicht."
Ein Kollege Dieter Cervik's ist Chauffier dieser EUSA Diktatur Monster.
Diese Art "Leibeigenen" sind, da die Kanzler, Präsidenten und alle anderen
Machtgierigen auch nur Menschen sind, so ganz nebenbei auch ihr
Seelenheil wollen.

Nur durch diese Spinnennetze sind sie bestens formiert, und dort wo
sie niemand stört.

"Was glaubst Du, was der mir so alles verklickert."

EUSA ist der Zusammenschluss des Amerikanischen und der starken
Mächtigen dieser zwei Kontinentalmächte.

Die Rockefeller-/Rothschilds-Dynastie ist mächtig, aber der Machtapparat gesteuert von mehr als diesen zwei Dynastien, wurde im Laufe der Jahre für alle Beteiligten zu hoch.

Dies zeugt wieder einmal, dass man mit Macht und Geld zwar Sklaverei erzeugen, Abhängigkeit forcieren damit
schlussendlich wieder im
Mittelalter landet.

Und da niemand dieser Grossköpfe sich vorher ausmalte was dieses
erwünschte Szenario genau aussehen wird, ist heute so einiges
überraschend trivial geworden.

Zu leicht durchschaubar, im Gegensatz zu den letzten zwanzig Jahren,
in denen es immer camouflierter wurde und das Volk durch Transparenz glänzte.

Börsengänge die Abwicklungen waren früher einer breiten Masse
zugänglich. Die konnte man so richtig Steuern.

Anno 2029 jedoch versuchen sich die Alphatiere gegenseitig übers
Ohr zu hauen.

Da sieht man wieder einmal dass Darwin recht hatte, der Stärkere
will mit allen Mitteln überleben.

Und so kommt es, dass die wütende Volksmeute sich auf den Straßen
ihrem Ärger Luft macht, aber auch zum ersten Mal der Mühe wert
findet, hinter diesen größten Betrug der Menschheit zu blicken, und
der schaurigen Wahrheit ins Antlitz zu schlagen versucht.
Die Miliz ursprünglich in Italien postiert zum Schutze vor Gefahr
durch das Volk, die Völker die Geknechteten hatte in den Anfängen
der Crash Revolte noch die Oberhand.
Unzählige Aufständische wurden erschossen, verhaftet, zum
Sklavendasein in Lager gesteckt, um Arbeiten durchzuführen,
die früher bezahlt
wurden.

Frau Merkel, Kanzler im Ruhestand, sagte einmal, " Wir müssen hart anpacken."
Spätestens zu diesem Zeitpunkt des Lageraufenthaltes, wusste
auch der letzte Depp, was gemeint war.

Lenins Kampfspruch: "Raubt das Geraubte!", sollte bald Wirklichkeit werden.

Auch die Miliz wurde durch die Aufständischen massiv geschwächt.

Denn wer Wind sät, wird Sturm ernten.

Das war die pure Wut, der Hass auf alles was einst regierte.

Zahlreiche Morde, Attentate führen nun dazu, dass die Mächtigen
Taten sprechen lassen mussten.

Monatelang, nein Jahrelang unterdrückte, enteignete man alle Personen
welche Schulden bei Banken, oder auch nur anderer Meinungen waren
und dies laut Aussprachen.

Und wenn nicht noch mehr Strassenkämpfe, durch das Volk, welche sich gegen die Schuldigen und jene, denen das Parteiherz
aufs Bankkonto floss, losgetreten werden sollen, muss das Etablissement
tätig werden.

Türken, Albaner, muslimische Einrichtungen werden derzeit dem Erdboden gleich gemacht.

"Jahrzehnte lang lagen diese auf unserer Tasche, jetzt ist Schluss."
Parolen in Wien, Bregenz, Paris wie auch in London.
Sie haben genug.

18. Oktober 2028

Nachrichten des Tages.

Die Flimmerkiste umringt wie einst in den 80er Jahren wenn Opa
seine "Zeit im Bild" sehen wollte.
Es hatte jeder im Raum still zu sein, der kalte Krieg herrschte
und es hätte ja jederzeit eine Atombombe von Russland aufs Dach
fliegen können.

Nun 2028 waren die Zeichen ähnlich.
Täglich wurde seit dem 11. September, ein außerordentliches
Datum seit dem Jahre 1 nach dem 2. Jahrtausend, berichtet,
dass sämtliche Finanztransaktionen nicht durchgeführt werden konnten.
Banken und Sparkassen, sowie die Eurobank und die übrig gebliebenen
Ableger zum Schuldschein produzieren, hatten schon dicht gemacht.
Anleger, Menschen mit Fondssparen, und diverse Versprechungen
dieser Lakaien der Finanzwirtschaft, mit europäischem Hauptsitz in
Frankfurt, durften zusehen wie aus Wertpapieren Klopapier erzeugt wurde.

Nicht dass die Regierung zuerst die Autofahrer, Raucher und Milchbauern,
durch diese inflationäre und illegale Steuerpolitik
an den Rand des finanziellen Anus geschröpft haben,
sukzessive holten sie sich nach Wohnungsmieten in
Horrorhöhe und Pensionisten durch Rentenklau auch
noch den Rest des Erträglichen.

Tenor der Menschen, die nun zusehen mussten, wie alles, für das
sie solange zittern mussten, nun Gewissheit wurde: Wut, Hass, Verzweiflung
und Hilflosigkeit, genau in dieser Reihenfolge.

Was tun ohne Währung?

Auf den Straßen herrschte Chaos und unbändiger Zerstörungswille
gerichtet an Politiker, Regierungsgebäude und der Staatsgewalt.
Die Geschichte hat wieder einmal zugeschlagen.

Ein Vater musste seinem 18 jährigen Sohn erklären dass er und seine
Freunde jahrelang in der Schule belogen wurden.

Unterrichte in Geschichte waren getürkt und als Hausaufgabe wurde
der Schüler seit nunmehr 10 Jahren zu medialer Gehirnwäsche
verdonnert.
"Und das ist genau der Grund, warum ich dich aus der Schule nehmen
wollte, aber die haben es ja immer besser gewusst."
"Verstehst du mich jetzt?"

Der Sohn, wie angegeben 18 Jahre konnte nicht glauben, dass sein
Vater Recht hatte.
Wie jeder Pubertierende, dachte er, dass seine Eltern ja keine Ahnung

haben.

Leichtes Futter für die Regierung um sich eine "lügenloyale Non
knowing-Generation" heran zu züchten.

Jedoch nicht jeder Vater hat die Cleverness um hinter die Machenschaften
blicken zu können.
Wurde doch Jahrzehnte lang ein Volk von Idioten mit weisen Lügen
versorgt.

2029

Hanah Cervik hat soeben den Tisch gedeckt, "Männer, Essen steht auf dem
Tisch."

Hungrig vom Holz hacken kommen Dieter und sein Vater ins Haus.
Idyllisch an Waldrand.

"Junge, wie wird momentan gehandelt?"
"Ich mein ja nur, jetzt wo der Euro höchstens für ein Strohfeuer taugt?"

Dieter schluckt seinen Happen die Speiseröhre runter, "ja, Fremdwährungen!
Diejenigen, kurz die Reichen und Makler, selbst handeln nur mit Fremdwährungen,

ansonsten könnten die nur mehr in Gold anlegen und genau dies wäre das ultimative Verlustgeschäft."

"Freies Handeln dürfen außerdem nur diejenigen, mit einwandfreiem
Überwachungs-Leumund."

Vater sieht Sohnemann verunsichert an.

"Hm, und du?"

"Ich weiß was du meinst, Paps, ich existiere nicht im System."
Die Möglichkeiten durch ein derart chaotisches System hindurchzugehen
ohne Spuren zu hinterlassen wurden nie so leicht umsetzbar wie heute.

Viel zu sehr ist den Machtbonzen die Macht über jeden Einzelnen
entflohen, um sich über jedes Individuum kümmern zu können.

Diese Überwachung funktionierte nur exakt solange, solang sie
jedem einzelnen etwas wegnehmen konnten.
Doch nun ist dies nur durch die Europa Miliz möglich.
Wer diese Implantate bei sich trägt, bleibt leicht auszumachen.
Doch wer das Zeug los geworden ist, existiert nicht mehr und nimmt
imaginär am Leben teil.

Die wollten es ja nicht anders, alles High Technik und nur nicht selbst drum kümmern. Die Bits und Bytes werden schon Alarm schlagen.

Doch Chaos, Anarchos, Gewalt gegen leere Gebäude und deren
innere Ausstattung lies nur mehr Schutt und Kabeln zurück.

Und die Politiker, die Bilderberger-Treffen, alles außerhalb der Eurozone.
Interviews werden getürkterweise vor der Deutschen Flagge aufgenommen,
jedoch der wahre Aufenthalt ist ungewiss.

Im November 2029 sendete der Sender der Vereinten Staaten,
EU-One, einst die Zusammenlegung der Sender einzelner Staaten wie
ARD, ORF, RAI uvm., es soll eine neue kräftige Währung das Licht der
Moloch-Welt erblicken.
Name noch ungewiss.

Es macht auch keinerlei Sinn dem Übel einen neuen Namen zu geben.

Dass dieser Euro für Europa zu billig war, wurde schon gewiss, bevor
dieser auf den Wirtschaftssektor und auf die Bevölkerung losgelassen wurde.
Billig.
Dieses Wort ist wohl die beste Bezeichnung für diese einzige,

jahrzehntelang geführte Währung des Grauens, deren Wert nicht
durch Investieren in die Wirtschaft, kurzum für den Bewohner der
Eurozone verwendet wurde, nein sondern um sehr billig dem Bewohner Schulden um die Nase zu schmieren.
Schulden, ohne Wert, jedoch für starkem Gegenwert, nämlich Immobilien.
Haus- und Hof-Abverkauf.

Als im Jahre 2014 der für die heutige Situation fast schon prophetische Professor Wilhelm Hankel verstarb, hatte dieser jahrzehntelang dagegen angekämpft diesen Eurowahnsinn zu stoppen
oder erst gar nicht zuzulassen.

Er stellte fest : O.Z.: Es gebe eine einfache Methode, den Euro zu retten: Die Staaten, die sich am Euro verhoben haben,
einfach bankrott gehen lassen.

Hätte er mehr Gehör bekommen das er zweifellos verdient hätte,
wäre uns viel Übel und Leid erspart geblieben.

Und was war die Konsequenz aus dieser partiellen Gehörlosigkeit?
Exakt dies Dilemma, welchem wir uns heute im Jahre 29, einhundert Jahre nach dem schwarzen Freitag, welcher eigentlich
ein Donnerstag war wiederum herausgefordert sehen.
Raus aus der Eurozone, weg mit einer jahrelang gezielten,

sich gegen das Volk gerichteten Regierung und Rückkehr zum alten Wertesystem.

Doch genau dieses Wort, als Werte, oder auch als Hausverstand betitelt,
wurde durch mediale Totalverblödung der gesamten Zivilisation, kurz
Bevölkerung, Stück für Stück abgetragen.

Wien in einem ruhigen Waldstück:

"Hanah?"
"Ja, Roland was ist los?"

Roland Cervik hat mit seinen alten Kumpanen Pläne geschmiedet.
"Heute kommt Adolf und ein paar altbekannte Gesichter."
Hanah Cervik ging in den Nebenraum, das Schlafzimmer und fragte
"Wer?"

Grinsend wodurch sich sein Kinnbart leicht nach vorne bewegte,
erklärte er seiner Frau, dass er und Adolf die alte Gegenbewegung
aufleben lassen will.

Mit einem kräftigen Seufzer und Blick gen Decke zischt Sie wieder
zurück in die Küche.

Adolf und einer der Hintermänner von damals tüfteln schon längst
daran selbst das Ruder zu übernehmen.
Vom Geldadel, diejenigen, welche durch diese Gesamtsituation
profitierten, sieht und hört man nichts mehr.

Was zurück blieb sind Militärs, Sklaverei und diejenigen, die für
Bankenaktionen zwischen den Staatsverrätern und der üblichen Obrigkeit
zuständig sind.
Die wohnen in abgesicherten Vierteln oder eben abseits der breiten
Massen.

17 Uhr

Adolf und Rudi, der Hintergrundakteur von damals schreiten durch
sie Türe ins Hause Cervik.

"Na meine Herren, treten Sie ein, aber vorher Füße abstreifen."
Freudiges Aufeinandertreffen einstiger Entschlossener.

18 Uhr 15

Chronologisch gehen die Männer die Verbrechen der Regierungsmafia
Punkt für Punkt durch.

Rudi arbeitete bei der Raiffeisenbank und hat wohl am meisten
beizutragen, er erklärt minutenlang die Verflechtung dieses grünen
Riesen, wie er von den Mitarbeitern auch genannt wurde.
Von Krediten, gedeckt durch neu Gedrucktes.
Von Zinsen die dem Euribor hörig waren. Ein stetig wechselndes
Zinssystem, mit oberster Priorität die Bank noch mehr Profit, und dem Kunden noch mehr Verwirrung zu bescheren.

"Hier eine kleine Auflistung der Verflechtungen, die mit einer führenden
Kreditanstalt herzlich wenig zu tun haben:

Zum Raiffeisen-Reich gehören Betriebe wie:
dieniederösterreichischen Molkereibetriebe,
die größteösterreichische Versicherung Uniqa,
verschiedeneReisebüroketten
Immobilienfirmen
(Raiffeisen besitzt allein in Österreich
 mehr als 150.000 Wohnungen)

In Adolf kommt die Galle hoch, "150 tausend???"

Die Salinen AG,
Industrieparks, Wellnesshotels,
Seilbahngesellschaften,
die größte österreichische Bausparkasse,

Softwareparks, Wohnbaugenossenschaften, Leasingfirmen
sowieBeteiligungen an der Bauholding Strabag,
am Traditionszuckerbäckergeschäft Demel,
denNahrungsmittelbetrieben Inzersdorfer und Maresi,
dem Industrieunternehmen voestalpine,
dem Gastronomieunternehmen Do & Co,
der Wiener Börse AG, Spielcasinos

Ohne Ende ließe sich diese Auflistung weiterführen.

"Gut und schön, die haben ja fast alles und jeden Sektor in der Hand."

"Ja Roland aber ohne Abnehmer sind die auch nur mehr heiße Luft"
"Dieter, hast Recht, aber hast du jetzt 'ne Ahnung was im Momentum
möglich ist?"
Dieter kann sich vorstellen was Roland damit meint.

"Wie wäre es, wenn wir uns dem Volk mit einer Parteibewegung stellen."
"Was wäre, wenn wir diese Millionen von Verarschten und wie Idioten
behandelten überzeugen könnten uns zu glauben, wir haben das Know
How, und es gibt noch einige, die von der Regierung denunziert
wurden."

Parteien und deren Mitglieder, die für eine vernünftige Europapolitik, aber für eine gerechtere und Patriotismus versprühende Politik, bzw. Handlungsweise.

Als Patriot wurde man, wenn man Partei ergriff für eigene Werte,
Regeln, Volksweisen und Identität, zunehmends als rechtsradikale
Rabaukentruppe stilisiert und bekämpft.

Doch jetzt hat man den Beweis, dass Sie im Recht waren.
"Jetzt raunzen nämlich genau diejenigen, welche damals demonstrierten,
um unser Geld."
Rudi begreift diese Chance, schon als Beamter hat er genug Wissen
abbekommen, um Finanzierung und Verwaltung zu planen.

"Jedoch, habt ihr gehört von den Rettungsmaßnahmen der Amis?"
"Ja, geht dies wieder los, erst zerstören die unsere innereuropäische
Wirtschaft und dann investieren sie aufgrund dessen, dass sie jetzt,
aufgrund Wertlosigkeit unseres Euros, zum Nulltarif bauen oder
die Helden mit Kaugummi und Zigaretten spielen."

Innerhalb kürzester Zeit wurde hinter den Kulissen, seitens der Russen
wie auch der USA, eine einheitliche Währung zu erschaffen.

So gibt es bereits seit kurzem die Möglichkeit innerhalb der Eurozone,

welche von Skandinavien über Frankreich bis zur Türkei reicht, in Dollar
zu zahlen, jedoch nur, wer es sich verdient.
"Haben es wir wieder. Wer es sich verdient. Blendung pur."
"Logisch, dass dies kein Anreiz ist das Geld aufzuwerten, ohne Euro
ist der Dollar gestärkt."

"Rudi", flüstert Roland, "ich kann gar nicht soviel fressen, wie ich kotzen
möchte!"

Hanah betritt das Wohnzimmer. Ohne TV-Gerät, ohne irgendeinen
externen Anschluss, im rustikalen Stil gehalten.

"Na Männer?"
"Schatz, willst Du Familienminister werden?"
Die Männer lachen.
"Wie darf ich das verstehen?"
"Wir gründen eine Partei."
Hanah nickt, stützt die rechte Hand in die Hüfte," gute Idee,"

"Was sonst, Ihr seid doch ohnehin, nur damit beschäftigt. und bessere
Gelegenheiten werden so schnell nicht bevorstehen."

Klare,wahre Worte.

"Rede an die Verzweifelten da draußen, muss frei vom Bauch raus
kommen."

Dieter kritzelt Spalten auf ein Blatt Papier, welches er aus seiner Tasche
heraus kramt.

Leise vor sich hin flüsternd kritzelt und schreibt er in diese Spalten.
Worte, kaum lesbar für die anderen.
Er scheint im Moment in einer Idee verfangen zu sein.

Kurze Stille, bis Roland ihn fragt, was er aushecke.

Wiederum Stille.
"Mein Plan für uns."

Fragende Blicke.

Ein Monat später:

Roland Cervik, sein Sohn Dieter, Adolf und Rudi haben in den Wiener
Bezirken, wie auch am Lande, recherchiert und das Volk befragt,
nach Zustände und Anliegen der einzelnen Anwohner.

Wo einst Trubel in Wien herrschte, liegt
nun eine Stimmung der Distresse vor.
Während in ländlichen Gebieten zwar Zorn vorherrscht, waren diese
jedoch im großen und ganzen gleichgültiger.
Eine Art von Hinnahme, auch den Senioren geht es eindeutig besser,
keine Selbstverständlichkeit.

Auf die Frage womit Sie nun bezahlen, waren die Herren baff, verblüfft.
"Mit dem Dollar, oder mit Naturalien."
Eher westlich gelegene Gegenden, aus denen diese Worte stammen.
Wien selbst, haben Roland und die anderen festgestellt, war, was Bezahlung
anbelangte, eher mit Bons oder Naturalien abgefertigt.
"Mann das ist ja wie nach dem Krieg."
"Essensmarkerl, barbarisch."

Wie Sie rausfanden, haben die Wiener von den Russen, die hin und
wieder hier residieren, diese Essensbons. Einzulösen in drei Geschäften
pro Bezirk, aber nur in 7 Gemeindebezirke.

Floridsdorf zum Beispiel, oder Kagran und fünf weitere.

"Keine Ahnung warum!"
War die knappe Antwort einer im 21. Bezirk Befragten.

In einem Lokal sitzen die vier Herren und ziehen Bilanz.
Etwas betrübt fragt Rudi: "Habts ihr das mit dem Dollar gewusst?"
Dieter hingegen: "Klar, nur dass er nicht überall verwendet wird, das ist
das Überraschende."
"Irgendeine Währung musste ja den Euro ersetzen."
Roland dachte nur, dass jede Fremdwährung hierzuland schon

eine Art Mehrwert hat.

Tja so verwirrend ist diese gesamte komplexe Form des Chaos8.
Genau weiß niemand irgendetwas.

Darum beschließen die Herren für Ordnung und Aufklärung zu sorgen.
Dies zeigt wiederum wie wenig eine Richtung gegeben war.
Der Politzirkus ist fort.
Klar die Bevölkerung würde wieder zu Fackeln und Mistgabeln greifen und Schluss mit lustig, wenn dies in den meisten Staaten nicht
schon geschehen wär.
Und mit Recht.

Man muss sich vorstellen, Europa, vor allem Italien,
Frankreich, Österreich
Deutschland wurde die letzten 6 Jahre vorgegaukelt, "der Euro ist stabil
wie nie."

Und obwohl die Realität das Gegenteil bewies, blieb es bei positivem
Aussagen.

Jahrelang.

Bis zum 11. September 2028.
An diesem Tag schrieben alle Tagesblätter: "Chaos! Alles aus!"

Zuerst wusste niemand so recht was er denn glauben soll.

Doch als Mütter einkaufen wollten und für Ihr Geld nichts als
Schulterzucken erhielten, kam langsam, jedoch enorm beschleunigt,
Panik auf.

Tage lang wurde nur über Veränderungen berichtet, aber keine
lies die Bevölkerung froh stimmten. Im Gegenteil mehr und mehr
spitzte sich die Lage zu.
Tauschhandel florierte, und man fühlte, wie man sich vor einhundert
Jahren fühlen musste.
Zurück ver- und gesetzt.

Ein Zitat das dieses Dilemma in dem Chaos, Hass und Hilflosigkeit
keimt passend beschreibt:

"»Armut ist keine Schande«,
sagte der Reiche zum Bettler und jagte ihn von der Tür.

Und dies geschah nun wahrhaftig.

Aufstand, Zeter und Mordio.
Ämter, Banken, Privatgesellschafter, kurz Chefs, es entlud sich als
gäbe es kein Morgen.
Italiener sind bekanntlich sehr emotional und da will sicher niemand im Wege stehen.

Deutschland ist wohl am schäbigsten betrogen worden.
Hartz 4, ein System unter Gerhard Schröder, welches als die Innovation schlechthin gehandelt wurde.

Doch wer, obwohl er einen Vollzeitjob hat, trotzdem regelmäßig
ins Jobcenter fahren bzw. gehen muss, um offenzulegen was an Lohn bzw. Gehalt er erhält.
Um auch noch um Sozialhilfe betteln zu müssen, da es möglich
gemacht wurde, diese zu erhalten.
Diverse Zuschüsse, welche sich super anhören, jedoch die Arbeitgeber
damit spekulieren, dass er sie erhält und somit mit Gehälter
runterfährt.
Dann kommt man sich in der Hartz 4 Spirale noch längst nicht so verarscht vor als wenn die Gattin nach der Karenzzeit aus dem
Firmensystem entfällt, und "Ein- Euro-Jobs" annehmen muss, ob sie
will oder nicht.
Ein-Euro-Jobs: wirtschaftliche Sklaverei, nichts anderes ist dies.

Doch wenn man als renommierter Wirtschaftswissenschaftler Alarm schlägt, und damit alles was dieser neuen
Währungsunion
zugrunde liegt, mit klarem, logischen Argumenten widerlegt, dann

wurde in der Vergangenheit dies mit Verschwörungstheorien abgetan.

Dem Volke wurde seit dem Mauerfall eine desaströse Lüge nach der
anderen als Weihwasser verkauft.

Und die Medien taten Ihr übriges.
Bis auch der letzte Bewohner, oder besser formuliert, Untertan alles glaubte was ihm die matte Scheibe an Irrwitz verkaufte.

"Realität" im Fernsehen, nichts weiter als dem Durchschnitt vorzugaukeln,
dass es Menschen gibt denen es noch schlimmer geht.
Besser gesagt," Beschwere dich nicht, dir geht es im Vergleich zu den Schauspielern im Realitätsfernsehen eh prima."

Wozu noch beschweren, Chips am Glastischerl, Bier im Kühlschrank,
und die Alte mault auch leiser als deren im TV.
Dass dies möglicherweise mit dem Sound Surround System auf
voller Pulle zu tun haben könnte, soweit denkt er nicht.

Tja Anfangs des neuen Jahrtausends, war dies Thema Nummer eins
gleich nach der Fußball Weltmeisterschaft.

Interessant nur, dass die Regierungen pünktlich zu Beginn des WM-Modus,
des Verbrauchers Steuererhöhung und Gesetzesänderungen

vollziehen konnten und keine Sau interessierte dies.

Das ist perfekt umgesetzte Psychologie.
Da soll noch einer sagen, die Politiker waren alles Idioten.
Politpsychologen wären begeistert.

2029 Bregenz.

Schleppenden Schrittes bewegt sich ein junger, circa
20jähriger Mann,
Richtung Gehsteig.
Er hat die ganze Nacht in einem Kellerabteil gehaust.
Seine Wohnung, die er mit seiner Freundin bewohnte, wurde abgerissen.
Wie es hieß, solle hier ein Investor ein Gebäude errichten.

Vor ungefähr 2 Jahren kamen Schreiben der Bank, dass er und sein
Anhang, milde gesagt, verschwinden sollen, ansonsten werde Staatsgewalt
angewendet.

Ralph und Sonja, so heißen die zwei, waren nur ein Beispiel von
vielen, denen kalte Enteignung entgegen schlug.

Überlegung ins Nachbarland zu gehen waren im
Brainstorming
Thema, doch so wie es aussieht wird die Lage auch nicht besser.
"Flucht ist nicht die Lösung!", ist der Leitsatz vieler.
Wovor auch flüchten das überall gegenwärtig ist.

Jetzt halten Sie sich mit Betteln und sonstigem über Wasser.
Ab und an springt dabei eine "Selbstgedrehte" oder ein paar Dollar
raus.
Das langt zwar nicht, aber Diebstahl, ohne den geht es nicht.
Und genau dies ist den beiden jungen Menschen ein Dorn im Auge.
Zeit ihres Lebens, hielten Sie sich an Ethik und Moral, weil es ihnen
vorgelebt wurde.
Ralph hatte ja schon Gewissensbisse wenn er mal irrtümlicherweise
schwarz mit der Bahn fuhr, und nun das.
Aber so ist nun mal die Situation. Faktum sei, dass er sich der Lage
anpassen muss, ansonsten könnte er nicht überleben.
Darwin hatte schon lange nicht mehr Recht als heute.
Wie es für die beiden weiter gehen soll, traurige Ungewissheit.

Während Ralph und sein Mädchen noch dahinvegetieren, ist die Lage
in Wien schon eine ganz andere.

Das Jahr 2029 neigt sich der Mitte zu und Roland Cervik hat mit Frau
und Sohn beschlossen sich in der Hofburg umzusehen.

Ob irgendwelche "Polithanseln" noch inne wohnen?

Da stehen Sie nun. Dieter Cervik sieht sich das mit Graffiti beschmierte
alte geschichtsträchtige Konstrukt genau an.

Zerbrochene Fenster, Hassparolen auf Fassade und Tor.

"Na dann, schaun wir mal rein."

Roland nimmt seine Gattin an der Hand und los geht's.

Im Inneren ist alles sehr schmuck, Kronleuchter, rote Teppiche, weiße

Verbindungstüren.

Plötzlich Geräusche.

"Hast du das auch gehört?", fragt er Hanah.
"Ja, das kommt aus diesen Raum."

Klopfen an diese ominöse Türe.
Sie wird von Dieter geöffnet und wer sitzt in diesem Raum???
Unglaublich! "Grüß Gott Herr Bundespräsident!"
Der alte sozialistische Genosse sitzt mit einem anderen Mann in seinem Arbeitszimmer und schreibt an PC.

"Oh hierher hat sich schon seit Monaten niemand mehr verirrt."
Erstaunt sehen sich Roland seine Frau und Sohn Dieter an, als säße ein Außerirdischer hinter diesem Schreibtisch.

Erst auf den zweiten Blick können Sie es glauben.

Niemand hätte gedacht, dass es doch noch ein Staatsoberhaupt
wagt seiner Arbeit nachzugehen.

"Was führt Sie zu mir?" richtet sich die Frage an Familie Cervik.

Roland sieht Hanah kurz an. "Eigentlich wollten wir uns hier mal
umsehen, wir hätten nie gedacht dass Sie, Herr Präsident, noch
unter uns weilen!"

"Doch, doch! Ich muss mit der Außenwelt verhandeln, aber," kurze
Pause, weisende Handbewegung," Sie wissen schon, in dieser Zeit
ist nichts einfach."

Einige Schritte zur Türe gehend, "Na dann wollen wir nicht weiter..."
Der Bundespräsident unterbricht," Nein, bleiben Sie ruhig, ich würde
gerne von Ihnen wissen, wie die Lage im Volke genau ist."
Wieder ungläubiges Augenspiel, "aber, wissen Sie gar nicht wie es
wirklich zugeht?"

Schräger Blick des Präsidenten. "Ja lieber Herr...?"
"Cervik, Roland, das ist meine Gattin, Hanah und Sohnemann Dieter."

"Ja liebe Familie Cervik, ich als meine Person der
österreichischen Vertretung, habe es unter dem Volke sicher
nicht leicht, außerdem, würden Sie mir glauben, wenn ich Ihnen auf
der Straße erzählen würde, dass "wir" bemüht sind die Ordnung wieder
herzustellen?"

Zu Boden blickend, "Höchstwahrscheinlich nicht!
Eher gar nicht!"
Hanah nickt, "Auf keinen Fall!"

Kurzes Lächeln, "Sehen Sie? Mein Problem!"

Also ergibt es sich auf unglaubliche Weise, dass die Cervik's mit
dem Staatsoberhaupt Pläne und Fakten zusammentragen.

Stundenlang sitzen sie schon beisammen und die Köpfe rauchen
förmlich.
Eine unglaubliche Situation. Eine Lösung wird schwer zu finden
zu sein.

"Ähm! Eine Frage: Ich hätte da zwei Kollegen die sehr clever, und
seit Jahren mit dieser Thematik vertraut sind, mit denen könnten
wir sicher einiges auf die Beine stellen."

Der Präsident greift zum Handy, wählt eine Nummer per Kurzkontaktwahl:
"Ich begrüße Sie! Ja, könnten Sie bitte in einer halben Stunde zu mir
in die Hofburg kommen?"

Legt das Handy zur Seite, "Lieber Herr Cervik, ich habe soeben beschlossen, dass ein Reporter der einzigen erhältlichen Tageszeitung zu uns stößt."

Da dieses Blatt ohne Geld fungiert, sondern nur mehr freie Mitarbeiter
engagiert, soll es ab morgen von unseren Verhandlungen berichten."

Cervik wird einiges klar. "Hanah, denkst du das selbe?"
"Das ist gut! So wird das Wutvolk, wie auch wir es sind, über etwas
informiert, das ihnen erstmal Hoffnung und wahre Informationen
vermittelt.

Der Präsident wirkt etwas amüsiert: "Ach hätten wir doch schon vor
15 Jahren solch Leute gehabt!"

Die Cerviks hätten nicht gedacht, dass ihr Oberhäuptling soviel
"Schneid" hat.

Eine Stunde später sitzen die Cerviks mit dem
Bundespräsidenten.
seinem Sekretär und Herrn Hammerl von der Unabhängigen Tageszeitung,
dem Nachfolger des Krone Blattes, im Sitzungssaal der Hofburg.

Der nächste Tag.
Mitte August 2029

Innenstadt Wien:

Menschenmassen hören einem Mann zu, der die aktuellsten News
wie vor hundert Jahren der Junge mit dem Tagesblatt, verbreitet,
und die Zeitungen verteilt.
Ab und an gibt ihm ein Passant einen Dollar oder eineiige Euro,
wobei es nicht darum geht dass er ihn dafür bezahlt, vielmehr unterliegt
Es eher einer Geste.
Und die kann man nun deuten wie man will.

Auf jeden Fall lesen die Leute wieder, ob Sie nun glauben was darin
steht ist die eine Sache, doch es ist wichtig, dass wieder Öffentlichkeitsarbeit
betrieben wird.
Großes Raunen, gut hörbar, das ist wichtig.

Hinweg an Obdachlosen sehen Roland Cervik nebst Gattin, dass hier
Hoffnung nicht lebt, nicht wohnt und schon gar nicht gedacht wird.

Bregenz 19. August 2029:

Ralph hatte gestern bei einer Agentur für Obdachlose ein

Förderungsgespräch.

Wie es aussieht, war es richtig, dass ein Geschäftsmann hier einige
Bürocentren erbauen lässt.
Und Arbeitskräfte sind billig, mehr noch, man hat nun die Möglichkeit
diese wie Sklaven zu halten, wenn man nur ein paar Cent die Stunde
zahlt.
Dollarcent nicht Eurocent natürlich.
So bleibt dem Amerikanischen Investmentmarkt die Währung und
ein neuer Handelsraum wird eröffnet.

Doch Ralph und Sonja kann es egal sein. Sie interessierten sich
ohnehin nie für Politik, Hauptsache Geld.

In Wien ist man zu genau diesem Zeitpunkt wieder mal in der Hofburg.
Genauer gesagt beim Bundespräsidenten Koller, der sich in seiner ersten
Legislaturperiode befindet.
Zusammen mit Adolf Hütter und Rudi sitzen sie beim Koller Franz,
wie er sich bei Adolf und Rudi spaßeshalber vorstellte.
Gelächter der anderen Art.

"Herr Koller,..."

Der Bundespräsident unterbricht Rudi. "Bitte sag doch einfach Franz!"

"Ok", lacht. "Franz, du warst doch Wirtschaftsminister, und trotzdem
wurde nichts unternommen um diesem Wahnsinn gegenzusteuern?"

Franz atmet tief ein, herzhaft aus, faltet die Hände kurz um sie mit
einer Gestik zu öffnen. "Schau, als ich damals in die Politik kam
war ich selbst der Meinung, dass der Beitritt ins "europäische
Miteinander" gut sein würde."

"Das war so kurz nach dem Fall der Mauer."

Damals war Franz Koller gerade eben ein politischer "Jungspund" und
wollte, getreu seiner Vorbilder, allen voran Altkanzler Dr. Bruno Kreisky,
neues modernes Verwirklichen und engagierte sich für diese neue
politische "Miteinander-Welle".
Die Aufbruchsstimmung war kaum zu bändigen.
Einzig Jörg Haider von der FPÖ, war extremer Widersacher in Puncto
Aufbruch mit Zusammenschluss.

"Weißt, jetzt, Jahrzehnte später , ist man immer gescheiter,
nämlich gescheitert."

Rudi und Dieter wissen eben auch, dass dieser Plan von Anfang an
getürkt war, die anderen anwesenden sowieso.

Nur dank gekaufter Medienwerbung für diesen Aufbruch, bekam man
paradoxerweise sogar in Form von neuen Zigarettensorten. Wie
diese weiße Packung mit blauen EU-Sternen, namens "United E".

"Ich hab sie mir damals gerne gekauft, preislich in der Mitte, und das Rauchen
war damals, so 1994, nicht wirklich teuer.
Wenn da ein Packerl 35 Schilling kostete war dies schon Wucher.
10 Jahre später kosteten Zigaretten durchschnittlich so um 3,80 Euro,
umgerechnet etwa 55 Schilling.
Da kommt einem das Grauen vor der Steuerpolitik."

"Ja, die hab ich auch ne Weile geraucht, doch komischerweise waren
die von heut auf morgen runter vom Markt."

Trivialer Meutefang! Immer sehr üblich, um so die ein oder andere Stimme
zu ergattern, und den Raucher 12 Jahre später derart zu denunzieren und
den schwarzen Peter zuzuschieben.

Aber auch dem berufsabhängigen Autofahrer,
dem Bahnfahrenden und sonstige "Heizungszuschuss-Gestraften, die
trotz Zuschuss halb erfroren in ihren überteuerten Mietwohnungen

hausten, um vom Erdgeschoss über flache 1m breite, ungünstige
5 Stiegen runter zu rattern, um im Sozialmarkt den Rest, ihrer so großzügigen
Rente zu verlieren.
So ging man mit den Heroen der Nachkriegszeit um.

"Ja, aber kaum war 1994 der Beitritt unter Dach und Fach, wurde
die Gesamtsituation irgendwie lächerlich, es belog einer den anderen
und das Volk war nach der Rückreise dieser Delegation sehr aufgebracht."

"Ja Herr Präsident!", mischt sich Hannah kurzerhand ein. "Haben Sie nie
daran gedacht wie es weitergehen könnte, wenn sogar das Volk
ahnte, dass dies der Untergang werde sollte?"

Beschämt sieht der Präsident zur Decke.

"Schau Hanah! Ich muss zugeben, dass ich ein kleiner, naiver Parteifunktionär
war, aber, und jetzt kommst, aber der Euro wurde dir als
nichtssagendes Mitglied, sei dies Rot oder Schwarz gewesen, als
Goldstück verkauft, diejenigen welche genau wussten wohin der Triebwagen
steuerte, waren der Bundeskanzler, der Präsident sowieso, Gott hab ihn

selig, und einige der Führenden dieser Verhandlungen."

Es war Mitte der 1990er, wahrlich so, dass Österreich sich bessere
wirtschaftliche Zusammenarbeit mit den großen Konzernen durch
Ostgeschäfte, kein Zoll und offene Grenzen, erhoffte.

Dies ging auch eine ganze Weile gut, doch hätte man die Logik
einer Einheitswährung in Kombination mit verschiedener Wirtschafts-
stärke, und dazu noch billige Arbeitskräfte aus den Osten, die Europa
auf dem Dienstleistungssektor sagenhaft überschwemmten, was noch
eines der kleineren Übel für die Konkurrenzfähigkeit
Österreichs im Europabecken
war, durchschaut, hätte man nie Mitglied in der Eurozone werden dürfen,
geschweige denn, den Euro als Zahlungsmittel einführen dürfen.

"Schaut's ich habe mir eines sommerlichen Abends ein gutes Buch
Des Autors Hankel durchgelesen, ich habe dieses von einen guten
Freund geschenkt bekommen, der mit meiner Politik nichts zu tun
haben wollte und auch heute nicht will, weil er recht hatte."

Der Bundespräsident erklärt, wie ihm dieses Buch die Augen öffnete,
er jedoch wusste, dass es bereits zu spät war das System und seine
Paten zu ändern.

Was wurde daraus? "Ihr wisst doch sicher noch wie einfach es damals
war, einer Bank, besser gesagt dem Bankberater zu vertrauen."

Dieter erzählt über seine Erfahrung, wie sich die Großbanken im Laufe der
Jahre, in denen er aktiv als Broker und als Trader über
Aktienbewegungen seine großen Geschäft machte. "Das war derartiger
Bullshit, wie die Banken ihre Anleger mit Interimseinlagen über den
Tisch gezogen haben, im festen Glauben sich ein lukratives Zubrot
erworben zu haben und diese Kunden dann schlussendlich leer ausgingen."

"Die Bank sagte danke, und zahlen durften diese kleinen Anleger,
welche noch 20 Jahre früher den Berater fast erschlagen hätten."

"Nennen wir mal die Kontoführungskosten Anfang der 1990er,

pro Jahr circa 25 Schilling, 15 Jahre später 90 Schilling. Und das nur wenn
man sich das Geld an Schalter persönlich holte! Persönlich!"

"Und dies war noch das kleinste Übel, du warst schon überzogen
bevor das erste Gehalt drauf kam.
Zinsen hie Zinsen da, aber keine Zinsen für den Kontoinhaber."

Dieter mochte was er tat. Denn noch zu leugnen, dass in den Jahren 20-28,
so ziemlich allen klar war, dass es nur mehr darum ging, das Volk
wie eine frische, saftige Zitrone auszupressen, wäre sinnlos und unglaubwürdig
gewesen. Ja sogar die Bankkunden wussten es, doch wo hätten diese
sonst ihr hart verdientes Geld hintragen sollen?

Juni 2016

Moskau-Washington

Radiodurchsage auf allen Kanälen

"Achtung eine Meldung in allgemeiner Sache!

Russland hat den USA, laut einer Meldung aus dem Weißen Haus, ein Ultimatum gestellt. Worauf diese alle Verhandlungen mit jeglicher westlichen Delegation, aufgrund der Defamierung Präsident Putins, durch den amerikanischen Aussenminister und allen Unterstellungen Russlands einen Weltkrieg entfachen zu wollen, einstellen."

Der Sprecher aus dem Kreml bestätigt. "Sollten die Vereinigten Staaten,
inclusive Präsident Obama, diese Unterstellungen NICHT, ich betone
NICHT, einstellen, sieht sich die russische Regierung gezwungen,
Ihrerseits, keinerlei Ölgeschäfte innerhalb Europas und den USA mehr
zu tätigen!
Also keinerlei Verhandlungen, Ölembargo, und zudem Wiedereinführung
der Ost-West-Zonen.
Dies berichtete vor 15 Minuten der offizielle Sprecher Präsident
Putins aus dem Kreml."

Von Seiten Präsident Obama kam bisher noch kein Statement.
Auch die Tatsache, dass Russland bereits China und den Iran als Partner
in Sachen Ölhandel gewonnen hat, lässt diese Aussage aus Moskau

schlechte Prognosen für eine Übereinkunft der zwei
Weltmächte,
USA und Russland, erahnen.
Wie es mit der Wiedereinführung der Ost-West-Zonen
weitergeht,
werden wir berichten sobald es Neuigkeiten gibt.

Wien 1 Stunde darauf:

Beim Bundeskanzler implodiert beinahe das Telefon. "Hach!
Das darf
doch nicht wahr sein!"
Leute wuseln hin und her.

Offizielles Statement des Kanzlers wird erwartet.
Doch es passiert nichts.
Schweigen! Nur nichts falsches sagen, also daher gar nichts
sagen!
"Warten wir ab! Schlussendlich braucht das Volk ja nicht mehr
zu
wissen als nötig!"

Tags darauf überschlugen sich die Medien. Sogar von einem
3. Weltkrieg
war die Sprache.

Während auf der einen Seite gar nichts passierte, krallte die
Opposition

sich in diesem günstigen Moment Interviews, und prangerte die
schlechte politische Leistung der Regierung an, welche sich entgegen der
immer wieder geforderten Entschärfung der natoabhängigen Lakaienpolitik
im Auftrage der EU unter dem Schirm der USA, durchgezogen wurde
und wird.

"Das haben Sie jetzt davon, Herr Bundeskanzler."

Wahre Schuldfrage?
Schwer und einfach zugleich.

Dass es in wissenschaftlichen Versuchen bewiesen wurde, dass,
wenn es um Macht, Geld und Akzeptanz geht, überwiegend
alles Legale und Illegale versucht wird um die Schönfärberei
aufrecht zu erhalten, sieht man nun.

Auch wenn man sich jeglicher moralischer und beruflicher
Kompetenz und Glaubwürdigkeit entblößt.

Wie offensichtlich es schon zu Beginn dieser polemischen
Volksverräterpolitik innerhalb der EU war, zeigt folgendes Zitat:

Europa ist unsere Zukunft, sonst haben wir keine.
Hans-Dietrich Genscher (*1927), dt. Politiker (FDP),
1974-92 Bundesaußenminister

Trübe Aussichten, lange bevor es mit dem Euro, der Europäischen
Union, mit der transatlantischen USA, NSA, Skandale unterhalb
der Menschenrechtsgesetze, sowie Bilderberger-Treffen, konspirativer
Rockefeller-Profitfinanz-Politik eigentlich losging.

Dazu noch ein russisches Sprichwort:

Schlimmer als blind sein, ist nicht sehen wollen!
Wladimir Iljitsch Lenin   1870-1924

Zuerst tagelange Berichte über Reaktionen und Aktionen,
danach konnte man beobachten, dass sich der Osten immer mehr
vom Westen abzukapseln versuchte.

Und wer hatte andauernd das Bedürfnis mit Moskau zu verhandeln?
Ja, die Gutwelle, Politik, einst neutral nun selbsternannter Vermittler
des Guten.

Es war der Österreichische Außenminister, unter scharfer Anleitung
des Kanzlers.

Doch Putin, aber auch der Apparat der Berater des Präsidenten,
wollten den Außenminister nicht sprechen.

Er sagte auf russisch so etwa: "Ich möchte nicht mit dieser Lakaien-Regierung sprechen! Was glaubt der wer ich bin?"

Und global musste man zugeben dass dies eine wahre Schnapsidee
des österreichischen Bundeskanzlers war, das bei der Opposition
für internes Gelächter sorgte.

Griechenland 2010

Die Welt sieht in eines der beliebtesten Urlaubsländer Europas,
das trauriger weise Mitglied der Eurozone ist.

Die Lage ist eine einzige Farce, zumal ein Sündenbock gefunden
wurde, dem man das Scheitern des Euro's zuschieben konnte. Nichts anderes passierte hier.

Griechenland wird vom IWF, der Europäischen Zentralbank (EZB) und
der EU mit insgesamt 240 Milliarden Euro gestützt. Im Gegenzug muss
das Land Spar- und Reformauflagen erfüllen, gegen die es immer wieder
Massenproteste gibt.

Dazu empörte sich Viviane Reding, ihrerseits Vizepräsidentin der
europäischen Kommission und Kommissarin für das Ressort
Justiz, Grundrechte?!?!?! und Bürgerschaft.
In einer Talkshow auf die Erfahrung eines Griechen, der aufdeckte,
dass es nicht hilft Geld zu schicken, wenn innerhalb der Regierung
nichts alsKorruption herrscht und das Volk von den Rettungsgeldern
nichts spürt und spüren wird,
Darauf Frau Reding: "Sie sind es in Griechenland, die Ihre Regierung
wählt. Sie haben doch die Möglichkeit eure Regierung selbst zu
gestalten!"

Mit dem Nachsatz: "Warum regen Sie sich dann auf?"

Doch dass diese Krise in Griechenland plötzlich so dermaßen
aufgebauscht wurde war klar.
Auch, dass es erst 10 Jahre nach dem Beitritt Griechenlands
zum Aufschrei kam.

Der Schuldenstand lag schon 2001, beim Beitritt zur
Eurozone, mit einem Wert von 103,7 %, über dem in
den EU-Konvergenzkriterien vereinbarten Grenzwert von
60 Prozent des Bruttoinlandsprodukts.

Und er stieg permanent weiter an.

Also wie konnte es eigentlich passieren, dass dieses desolate
Land

in die Eurozone kam?

Eine Wette, und der darauf folgende Schwindel zweier Staatsmänner, liegt dem Mythos Beitritt zugrunde:

"Ihr seid nicht dabei, und ihr werdet auch nie dabei sein", sagte der deutsche Finanzminister Theo Waigel 1996 zu seinem griechischen Kollegen Yannos Papantoniou. Dieser wiederum sagte daraufhin: "Lass uns wetten!"
Wer recht hatte, ist bekannt.
Griechenland, Ironie dabei ist, dass dieser Beitritt schon gesichert
sein musste, als die ersten Euro-Banknoten gedruckt wurden.
Denn seit der Einführung des Euros war das griechische Wort für Euro längst auf der neuen Währung?!?!

Am 2. Mai 1998 beschlossen die Staats- und Regierungschefs der Europäischen Gemeinschaft in Brüssel die Einführung des Euro.
Bundeskanzler Kohl war sich bewusst, dass er damit gegen den Willen einer breiten Bevölkerungsmehrheit handelte.
In einem 2013 bekanntgewordenen Interview vom März 2002 sagte der deutsche Kanzler Helmut Kohl: „In einem Fall, Einführung des Euro, war ich wie ein Diktator".

Wahnsinn, oder einfach Größenwahn? Ausgetragen auf dem Rücken
der ehrlichen Steuerzahler, Mütter, Väter, Kinder deren Zukunft damit
verbaut wurde, und auf keinen Fall zu vergessen: die Pensionisten,

die Alten, die in solch totalitärem Regime sicher nicht mehr leben oder
alt werden wollen.

Eine Schande wie die Europäer von diesen selbstgerechten Politikern
verraten und verscherbelt wurden.

Herzlichen Dank

Moskau, Juli 2016

Knapp einen Monat nach der erschütternden, wie auch beängstigenden

Meldung aus dem Kreml, hat sich nun US Präsident Barack Obama

zu einem Treffen mit Russlands Präsidenten Putin durchgerungen.
Nach langem hin und her einigte man sich auf ein Treffen in Deutschland.
Mit einer Bedingung: Ein ausführliches vier-Augen-Gespräch.

Wenn von Mann zu Mann Tacheles geredet wird kam, schon so einiges
Konstruktives zu Stande.
Stundenlang saßen die beiden Alphatiere zusammen,

während vor

der Türe Minister und Medien, welche sich im Freien geschart haben,
auf Ergebnisse.

Ein Minister horchte an der Türe, ehe er vom Sicherheitsdienst wegbefördert
wurde.

Spannungen und die Ängstlichkeit eines möglichen kälter werden
der Ost West Politik standen für noch kälter wirkende Blässe in allen
Gesichtern.

Weitere unerträgliche Stunden vergingen. Plötzlich einer jener, der
die beiden Verhandlungsgenies bewirtete, solange die sich ausmatchten
wie es weitergehen soll, kommt raus und ist hoch gerötet.

"Ihr,....
Er bedenkt, dass er stillschweigen bewahren musste.
Doch alle, die sich schon Untergangsszenarien ausmalten, drängten
den Mann.
"Los! Sagen Sie schon....."

"Ihr glaubt mir niemals, was da drinnen, bei den beiden abgeht."
Sämtliche Ohren spitzen sich förmlich, beinahe sichtbar um dem
Unglaublichem zu lauschen.

"Ja, was denn?...."

"Also die beiden sitzen, besser gesagt lehnen auf ihren Ledersesseln
und sind sternhagelvoll."
"Wie? Saufen die?"
Mehr sagt er nicht. Jedenfalls kommen just in dem Augenblick Sicherheitsleute
und machen den Spalier.

Russen wie Amerikaner drängen die Wartenden zur Seite.

Man hört russisch als auch englisch hektische Phrasen, als die breite,

weiße Doppeltüre aufgeht und zuerst der russische, und nach ihm der

amerikanische Präsident herauskam.
Leicht torkelnd und grinsend kam Mr. President of the United States
hinter seinem russischen Amtskollegen auf den langen Flur, um
im Freien seinem Kollegen die Hand zu schütteln.

Die deutsche und französische Delegation wartet vergeblich auf weitere Auskunft.

Diese kam erst Wochen später aus dem Weißen Haus.
O-Ton: It's all right Folks.

Ungewöhnlich, aber die Gefahr, zurück in den kalten Krieg zu schlittern, schien gebannt.
Aufatmen! Weltweit!

Bregenz 2029:

Ralph hält seine Schaufel und wartet bis seine Kollegen, teils aus Österreich
teils Deutsche, fertig sind mit dem Niedergang des einen Mauerstücks,
welches noch vom Haus übrig ist.

Heute noch müssen sie, unter strenger Aufsicht einiger Amerikaner,
den gesamten Grundriss des ersten Geschäftsgebäudes ausgehoben
haben.

Eine halbe Stunde darauf, wurde schon herumgebrüllt, "Go,Go,Go.."
Jetzt heißt's Schaufeln, doch Ralph hatte keine Ahnung, wie ernst
die es meinten.

Ständiges Gebrüll, teils englisch, teils deutsch.
Pause? Nach 5 Stunden konnten so ziemlich alle an den Schaufeln
einfach nicht mehr, dies hatte den Flair einer Galeere, doch wer auch
nur einer Minute Pause bedurfte, wurde sofort an die Bezahlung erinnert.

Der Aufbau Österreichs war im Gange, jedoch ohne Trümmerfrauen,
ohne Krieg! Das hatten die Obrigen anscheinend ganz ohne geschafft.

Wien August 2029

Der Bundespräsident hatte über diese Geschehnisse keine Macht.
Ein König ohne Krone, ein Diktator ohne Macht, ein Kabinett ohne
Vernetzung.

Längst hatten sich sowohl Ost- als auch Westmächte außerhalb Europas,
dieses Stück der einstigen Symbiose, versucht aufzuteilen.

Die Gespräche mit den Cerviks und ihren Kollegen stagnieren derzeit,
immer lauter werdende Not bricht aus.
Die Unterjochung der österreichischen Funktionäre und des Volkes
werden spürbar.

Warum?

Es entbrennt eben ein Kampf über die Aufteilung von Geld und Müll.

Soll nichts anderes bedeuten: Wer Geld hatte und gekonnt darauf
schaute dass es so bleibt, also ohnehin der Geldadel, der hatte es gut
in dieser Geteiltheit.

Die anderen, die Krümmel unter den Brotstücken, werden ohne irgend
einer Sicherheit ihrem Schicksal überlassen.

Dann gibt es auch noch diese, welche die Situation erahnten und
Geld in Fremdwährung umwandelten solang der Euro mehr Wert hatte
als zum Heizen.

So wie die Cerviks, Freund Rudi und Adolf, dank ihrer jahrelangen
Voraussicht und die Erziehung ihres Sohnes Dieter, dem diese
Berufsrichtung ohnehin viel Spaß bereitet und immer bereitet hat.

Nun ist es aber kaum so dass der europäische Aktienmarkt sonderlich
Bedeutung genießt, im Gegenteil, mit jahrzehntelangem Herumspekulieren
und die Währung tot zu sparen, war eine Euro-Zukunft schon vor
langer Zeit nicht mal das Papier wert.

Der Beginn dieses Papieres mit sonderbarem Aufdruck war unter
keinem zukunftsweisenden Stern.

Reine Puscherei, denn schon zu Beginn, mit dem Beitritt Griechenlandes
und einiger weiteren Staaten, diejenigen, welche die Obergrenze
von 3% nicht erfüllten, schon mit erheblichem Defizit zum Europakt
stießen, wurde eine leichte Rezession merklich spürbar.
Doch wenn in Deutschland Wahlen anstehen durfte man legitimiert
die Bilanzen beschönigen.

Das war Anfang des Jahrtausends.

Doch trotz alldem, wollten viele dieses Land nicht wieder in eine
Ost- Westeilung, wie nach dem zweiten Weltkrieg, schlittern lassen.
Ironie, es dauerte Jahrzehnte zur patriotischen
Rückbesinnung,

während es zur kompletten Blendung und medialen
Verblödung kaum
zehn Jahre bedurfte.

Das gibt einem zu denken.

Immer öfter stellen sich einzelne Gruppierungen im Stadtzentrum
hin und taten ihrer Verzweiflung kund.

Doch sehr schnell merkt man, dass diese Gruppen immer öfter auf
einen Nenner zu bringen sind.
Wie einst Edward J. Smith, der 1912 mit einem scheinbar unsinkbaren

Schiff aus dem Hafen fuhr, lenkte der deutsche Altbundeskanzler Kohl
(welcher, laut eigener Aussage, sich wie ein Diktator fühlte?!), die moderne
Titanic namens Europäische Union, in den vorprogrammierten Untergang.

Und nun stehen hier die Opfer die ums nackte Überleben kämpfen.

Diese wirr umherreisenden EU Politiker und Kommissare, wobei allein die Betitelung
Kommissare einschüchternd wirkte, waren mit so vielem
beschäftigt: die Banken-Rettung, Griechenland-Rettung, Euro-Rettung, der ESM, eine Verletzung des EU-Vertrages, ...
Nur eines wollten Sie nicht retten, die Europäer.

Bern August 2029

Ein Handy läutet inmitten der Metropole der Schweiz.
Eine Frau, um die 50 hebt ab: "Ja Girschele?"
"Ja grüssi, hier Cervik, Roland spricht, wie geht's dir in der schönen
Schweiz?"

"Ja Roland, lang nix mehr ghört von dir? Uns geht's ganz gut! Was verschafft mir die Ehre?"
Ein räuspernder Roland: "Ja, weißt eh, was zur Zeit in der Euro-Titanic

los is."
Das Gespräch beinhaltet, Fragen, Antworten,
Lösungsvorschläge seitens
der schweizer Eidgenossin.

Kurzum, die Schweiz hat sich, im Gegensatz zur EU-Gemeinde,
schon 2012 auf den sich abzeichnenden Eurocrash vorbereitet.
Konsequenzen wie Minuszins auf ausländische Konten, was aber auch zu
Kontroverse auf den eidgenössischen Finanzsektor beinhaltet,
Kontensperren, Pläne aufgrund der Offshore Gelder sind in Arbeit.
Kurz und knapp, der Geldfluss musste die Schweiz vor der Entwertung
des stabilen Frankens schützen, besser gesagt die Schweiz vor der
Überschwemmung des ausländischem Geldflusses.
Entgegenhalten, um den Franken zu stabilisieren.

Der Hauptgrund weshalb die Amis und Russen gar so schnell mit dem Dollar auftauchten.

Nach dem Motto, gebt den Menschen Krümmel, bevor sie merken
dass nebenan ein Bäcker wohnt.
Schweizer Konten waren seit jeher eine gute Sache, vor allen bei
jenen die genug zum Verzweigen hatten, und jetzt noch haben.

Devisen statt Euro. Lange bewusst, die wenigsten haben es gewusst.
Vor allem die, welche brav arbeiteten, als Dank von den Banken
über den Schneidetisch gezogen wurden und jetzt nichts mehr haben, als
die Kleidung am Leib.

Die Schweiz als eigentlich richtige Notlösung.
Oft waren die Cerviks bei ihren Verwandten in Bern zu Besuch.
Anna Girschele ist Hanah's Schwester, und lädt bei dem Ferngespräch
auch gleich alle zu sich in die Schweiz ein.

"Kommt's doch, würden uns sehr freuen euch und mein Schwesterlein
zu sehen."

Während die Cerviks schon ein Datum für die Abreise planten, kommt
es in Westen Österreichs zu ersten Aufständen unter den
geknechteten Arbeitern, die zur Erbauung von Gebäuden benutzt
und ausgebeutet werden, um, wie es durchdrang für die Reichen
Büroräume, und weitere Prachtwohnungen zu erbauen.
Dort von den Orten an denen sie selbst einmal zu Hause waren und
durch Banken ins Verderben kamen.

Wut ohne Grenzen, jene Grenzen die vor Jahrzehnten durch Öffnung
zum Ungleichgewicht der einzelnen Staatshaushalte führte.
Ganz Europa in den Sumpf von Gesetzen und deren Brüchen,
einzelne Völker zum Sündenbock der "Gemeinschaft" auserkoren,
abgestempelt.
Deren Regierungen aus egoistischem Narzissmus, ihre Landsleute
verrieten.
Dunkles Kapitel welches nun die knallharte Rechnung präsentiert
bekam.
Und immer noch sind es die Kleinen, die die Gülle der unfähigen
Geldsäcke, beseitigen müssen.
Denn was nun jeder roch und grausam in der Luft lag, der Test nicht vereinbarendes zu vereinen, auf Biegen und Brechen, stinkt gewaltig.
Jeder sollte doch das Recht haben sich für hartes Geld, seine Nachbarschaft
auszuwählen.
Denn niemand ist gleich, nichts lässt sich vereinheitlichen und was in der Geschichte vergessen wurde, multinationale Politik hat noch nie funktioniert.
Österreich-Ungarn scheiterte, Sowjetunion scheiterte, das deutsche Reich
scheiterte und nun ist auch dieses Projekt gescheitert.

"Lernens Geschichte," würde Kreisky sagen.

Die Menschen schlagen zu.
Immer öfter, trotz Verhaftungen durch Truppen der einstigen Sowjets,
durch die oft so gern selbsternannte Amerikanische Demokratie.
Dass die Betuchten ihre Sicherheit durch Bares erhalten wollten
ist Tatsache des Darwinismus, das Überleben des Stärkeren.

Doch Wut und wütende Gemeinschaft kann Berge versetzen.

Und oft, oder besser gesagt so gut wie immer, ist es nötig sich durch
Kriege sein Territorium zurück zu erkämpfen.
Jeder der schon mal in der Gosse lag, jeder der in der Gosse liegend
beschimpft, bespuckt wurde, der weiß, wenn du es schaffst, an diesem
Punkt wieder aufzustehen, bist du gegen alles immun.
Dann kannst Du alles schaffen.

Wie weit die Wut gehen kann, hängt davon ab wie groß die Verluste
sind, dass dies in jedem einzelnen betroffenen Staat so kommen wird,
wenn nicht schon im Gange, zeigen einzelne Beispiele wie z.B.:
1997 in Albanien, als das Volk seinen Zorn über extreme Existenzverluste
und darüber betrogen und belogen worden zu sein in infernale Aufstände
entlud, oder in Frankreich, wo wieder wie so oft, sich gezeigt hat,

dass man verschiedenste ethnische Gruppierungen nicht in
ein kleinräumiges
Gebiet stecken kann.
Faktum? - Ja
Notwendig? - Nein.
Also warum wollte man alles mit jeden vereinen.
Es hat noch nie funktioniert
Es wird nicht funktionieren, auch wenn es zu schön wäre.
Doch Wäre ist nicht das Sein.

Risiko Geld.

Europa war eigentlich ein wirtschaftlicher Binnenraum, mit Zöllen,
Export, Import, bis das gesamte System unter einen Binnenmarkt-
Namen, längst von einer anderen, größeren, sehr einflussreich und
vernetzten Finanzspinne, zuerst süchtig nach Geld und Profit machte,
auf Dauer so sehr abhängig, dass ohne dieser Spinne nichts mehr
lief, gleichzeitig aber auch alles zerstörte.

Grund?

Geld, Profitgier und Unterschätzung, der Mensch wurde nur mehr
unwürdiges Mittel zum Zweck.

Das Ganze hat einen Namen: Blackrock.

Geschätztes Vermögen: 4 Billionen Dollar.
Ja, richtig gelesen! 4 Billionen Dollar!

Blackrock unter der Leitung des wohl mächtigsten Mannes um und
abseits der Wallstreet.
Dieser Mann, Larry Fink, hat beste Beziehungen zur gesamten weltweiten Machtelite.
Längst gehören die wichtigsten Banken, Blackrock, die großen Multikonzerne fressen die kleinen auf und absorbieren Macht und
Geld.
Immobilien: längst gehört ein Großteil den großen Konzernen, mit
einem Ziel, Profit! Und genau eben diese Konzerne gehören Blackrock.

Weiters interessant zu erwähnen ist, dass Anfang des Jahrtausends ein Abkommen zwischen der Regierung der BundesrepublikDeutschland und der Regierung der Cayman Inseln, über
die Unterstützung in Steuer- und Steuerstrafsachen durch Informationsaustausch.
Zu Wissen ist, dass die Cayman Inseln eine Steueroase sind und
die Tatsache, dass alle 147 weltweit mächtigsten Konzerne mit

den Cayman Inseln Bankgeschäfte führen, da diese eben für solch
riesige Steuerabgaben an den jeweiligen Fiskus auch riesige
Summen abgeben müssten, das wieder der Bevölkerung im Staate
eine bessere Bilanz und massive Erleichterung bringen würde.
Würde!
Doch wenn man schon beste Vernetzung mit Blackrock hat und Larry
Fink ebenso schauen muss wo das Geld hinkommt, dann am liebsten
in ein Steuerparadies.

Wer jetzt gläubig ist müsste jetzt schlussendlich die Ahnung

erhaschen, dass das Paradies nur für Reiche reserviert ist.

Dass der Arbeiter, Angestellte, die Putzfrau, der Möbelpacker,

der Pfleger, die Krankenschwester, die Köchin, der Koch, der Liftboy,

oder die Rezeptionistin Steuern zahlen müssen ist klar und legitim, doch

diejenigen, Grossköpfe und Geldadel, wollen doch nicht verarmen.?!

Außerdem, wenn in den 80er Jahren des vorigen Jahrhunderts ein Mann arbeitete, bekam er Geld.
Für gute Arbeit, die qualitativ für das Unternehmen stand, hatte, nennen
wir ihn Otto, einen sicheren Posten.
Otto war ein zuverlässiger, genauer und freundlicher, nicht zu vergessen,

fleißiger Mitarbeiter.

Ein Angestellter mit Format für die Herstellung von Ware mit Format.

Es wurde geschätzt.

Otto wurde befördert, bekam zum 10 Jahres Jubiläum einen Geschenkkorb vom Juniorchef und fühlte sich wohl.

Dann, die Mauer fiel! 1990 begann!

Neues Jahrzehnt, neues Glück. Er hatte Arbeit, gutes Einkommen,
Familie mit 2 Kindern, einen Jungen Josef und eine Tochter Ines.

Otto und Inge sind seit 20 Jahren verheiratet, glücklich, wie er es
immer hervorhob.

Ok, soweit so gut.

Im Jahre 1993 bekamen die Mitarbeiter immer öfter Arbeiter zur Seite
gestellt, welche der deutschen Sprache kaum mächtig waren.

Auf die Frage, warum der Juniorchef plötzlich schlecht qualifiziertes
Personal einstellte, bekam er zur Antwort: "Die sind billiger."

Otto konnte es nicht fassen. Jahrelang hat er sich den Allerwertesten aufgerissen um pünktlich, fleißig, freundlich und genau zu sein und um zu arbeiten.

Plötzlich wurde einigen im Werk bange.

Auch Sie haben gehört, dass sämtliche Firmen teils mit billigen

Arbeitskräften aus dem Osten aufgestellt sind.

Einige haben überhaupt dicht gemacht und sind nach Polen oder
Slowakei übersiedelt.

Was heißt, dass nun nachdem die Mauer und Grenzen gefallen sind,
nicht nur die aus dem ehemaligen Osten am Arbeitsamt saßen,

nein, auch diejenigen die durch Schließungen in Österreich, Deutschland vor allem, nun arbeitslos wurden.
Irgendwo in Polen freuen sich hingegen -zig Arbeiter die dieselbe
Tätigkeit um den halben Stundenlohn mit Freude tätigen, dachten
sich genug und es wurde nicht besser.

1996

Otto war einer der wenigen, die noch immer in der Firma waren.
Zumindest einer der wenigen, die deutsch in Wort und Schrift beherrschten.
Auch die Geschäfte wurden nicht mehr mit westlichen sondern

fast ausschließlich mit Ostbereichen geführt.
Unheimlichkeit stand in den Hallen.
Bald hätte er sein Jubiläum, was würde nun für ihn rausspringen?!

Im Endeffekt kam es 1998 zur Firmenschliessung, besser gesagt zur Übersiedelung.

Ihnen wurde nur gesagt, "wer mit nach Polen zum halben Lohn
gehen will kann dies gerne tun, für alle anderen soviel wie "Sayonara".

Übrigens zum Jubiläum bekam er, Händeschütteln.

So sieht es auch später aus.
Otto war leider kein Einzelfall.
Im Laufe der Jahre, und mit jeder Erweiterung des internationalen
Marktes, gingen immer mehr Konzerne in östliche Billig-Produktionsländer.

Also mit der Einführung des Euros war dessen Tod eigentlich schon
wieder besiegelt.
Denn wie soll es in Europa aufwärts gehen, wenn amerikanische
Riesen, europäische Konzerne aufkaufen und im Osten, wie z.B. in Polen,
China, oder in Korea produzieren lassen, und der Deutsche, wie auch der
Österreicher und auch weitere Staaten durch die Finger schauen.
Gleichzeitig werden die Waren bei uns, von uns zu günstigen Preisen
gekauft.
Wahnsinns Paradoxum.

So kann nichts funktionieren.

2029 Bregenz:

Durch Verhaftungen wurden die Bauarbeiten der Kräne und Bagger
großteils unterbrochen, doch finden sich immer noch genügend
Sklavenarbeiter, die sich durch Beton und Staub graben.
Unter lautstarken Befehlen der Amis wird weiter geschuftet,
nur um für ein Paar Dollar im Monat die Familie zu ernähren.

Es ist infam, wie hier Menschen mit Menschen agieren, nur weil
dahinter Menschen stecken mit unvorstellbarer Macht und Geld.
"Die haben sich unser Land ohnehin schon unter den Nagel gerissen!"
Das waren die letzten Worte von Hans, einer der Arbeiter, der seine
Abscheu vor den Geldsäcken hinter dieser gesamt Situation nicht
mehr in Zaum halten kann.
Ein junger, mit der Situation überforderter Soldat, schoss ihm, da er
ihn als Bedrohung sah, direkt in den Kopf.

2027

In der Neujahrsansprache verkündete der österreichische Bundespräsident,
dass durch die schlechte Situation im Allgemeinsektor, amerikanische
Soldaten quer in Europa aufgestellt werden, um ein Ausschreiten,
und zum Schutze der Bürger, gemeint waren vielmehr Banken,
Politiker, die kurz darauf ohnehin mit Sack und Pack in die USA flüchteten,
zu verhindern.
Außerdem werde mit dem westlichen Sektor ein Pakt vereinbart, und
zum Schutze von Hab und Gut, diese Soldaten mit unserem Bundesheer
zusammen arbeiten.

Gut und schön.

Doch durch soviel Schutz, nahm sich nur ein Monat später der russische
Osten ebenso das "Samariter-Recht", Österreich, Deutschland und Italien
moralisch beizustehen.
Was soviel hieß wie, russische Soldaten stellten sich ebenso quer durch
Europa auf.

An den Schutzgedanken glaubte niemand, und wer es doch tat, der hat
in den letzten 10 Jahren immer noch nichts begriffen.

Den Sinn kannten Großkonzerne, die hier in Europa unzählige
Großbanken und Konzerne besaßen.

Zuerst schickten sie Soldaten, Monate später kamen unter dem
Leibschutz der Soldaten Banker aus New York, um sich vor Ort
ihre zukünftigen Geschäfte, ihr Buisness, zu begutachten.
US-Politiker wedelten fleißig mit der Hand wenn diese zu Besuch
in "good old Europe" waren.

Die Völker jubelten ihnen zu, damals dachten immer noch einige:
"Die sind unsere einzige Rettung."

"Nicht dass die amerikanische Bevölkerung besonders davon
profitiert, im Gegenteil, die werden ja genau so aufs Kreuz gelegt
wie wir" , sitzt Ralph in einem Wohncontainer, den er mit seiner Frau
bewohnen darf solange er arbeitet.

Während Ralph so auf der alten Matratze liegt, und eigentlich
todmüde ist, laufen ihm Gedanken durch seinen gemarterten Kopf.
"Die sind ja selbst ein unterdurchschnittlich betuchtes Volk."
"Alles, ja wirklich alles, haben die welche ohnehin genug Schotter
haben."

Seine Frau meint genervt: "Sag mal was interessieren dich die Armis?
Sieh dir mal an wie wir leben, Flüchtlingen ging es mal besser bei uns!"
Ralph hat ein Einsehen, da Sonja wie immer Recht hat.

"Hörst du das?"

Im Freien, ein Schuss, ein Schrei.....

Ralph läuft raus ins Freie, mitten in der Nacht, er sieht nichts, doch er
hört das hier Gefahr droht.
Mehrere Menschen, wahrscheinlich Männer, kommen schnellen
Schrittes näher.

"Verd...! Komm Sonja, wir müssen hier weg!!"
Sonja schnappt sich ihre Jacke und die beiden laufen in die entgegengesetzte Richtung.

Sie hören wie ein paar Männer englisch sprechen und ihnen wird
klar, nichts wie weg!

2 Tage und Nächte im Freien, Ralph und Frau befinden sich vor einem entlegenen Dorf.
Als es hell wird gehen Sie langsam ins Dorf und warten ab, wie die
Leute hier reagieren, sofern hier noch irgend jemand wohnt.
Nachdem sie keinerlei Spuren von Gewalt sehen, entspannt sich

langsam ihr Gemüt.

20 Minuten später:

Sonja sitzt auf einer Bank mitten im Dorf und sieht einem Springbrunnen
beim Speien seiner Fontänen zu.

"So schön...."

Wasser rauf, Wasser runter, wirkt sehr entspannend.

Ralph hingegen sucht derweil irgend einen Dorfbewohner.
Anklopfen möchte er nicht, er hat keine Lust englisch gegrüßt zu
werden.
Jedenfalls sieht es hier recht ruhig und sicher aus.

Häuser sind intakt, Türen noch ganz und die Fenster
sogar geputzt.

Als Sonja nach ihm rufen will, kommt plötzlich ein älterer Herr, so um die
70 Jahre, aus der Türe.
Ralph sieht ihn an, er mustert Ralph. "Grüss di, wo kommst du daher?"
Der junge Mann wirkt verdutzt.
"Ähm, wir kommen aus Bregenz, sind geflohen!"

Der alte Mann sieht ihn ungläubig an. "Geflohen? Vor wem?"
"Soldaten! Vor den Armis sind wir geflohen!"

Mit seinem Rauschebart sieht der Mann recht spaßig aus, jedoch
sehr bestimmend im Wortlaut.
"Ah, von den Lumpn hob i ghört, da bei uns san de ned!"
Ralph ist erleichtert.

Der Alte Mann schlägt vor bei ihm im Gästehaus zu
übernachten.
"Ihr scheints mir ordentlich was mitgmacht zu haben, ruhts euch
mal gscheit aus."
Sonja sieht Ralph kurz lächelnd an. "Das ist aber nett, wir sind wirklich
todmüde!"

Paris 30. August

Dass Franzosen amerikanische Soldaten im eigenem Lande nur schwer
ertragen, ist klar.
Doch um für die Creme de la Creme des neugeordneten Geldadels
Sicherheitsmänner zu spielen, während der Rest vor die Hunde geht,
lässt gleiches wie in Österreich erahnen.

Beim Koller, dem Bundeshäuptling ohne Macht, befindet sich Roland

Cervik.
Die Beiden diskutieren mit der einstigen Opposition, wie man hierzulande
dem Pulverfass etwas mehr Schwarzpulver entziehen könnte.

Die Hörigkeit einstiger Parteien und die schlussendliche Zersplitterung,
hinterließ nichts als Chaos, Elend und ungerecht verteilte Konten.
Sicherheitsdienste haben Hochkonjunktur zu Dumpingpreisen.

In den Nachrichten werden immer dieselben Szenarien eingespielt.
Not, Verzweiflung, jedoch immer mit dem Nachsatz, dass unsere
Unterstützer aus Ost wie West, für Ordnung sorgen.
Das machen Sie auch, wenn du genug Schotter hast.
Wir sprechen hier nicht von Millionen Dollar, nein Milliarden, sonst
reicht es so eben zum Erleben, alles darunter kann sich nur selbst
mit seiner Rücklage, wenn diese nicht die Donau bis ins Schwarze
Meer entschwommen ist, sein täglich Brot ergattern.

Sicher ist nur eines:

Wobei sich Cervik einklinkt: "Nach schweizer Format, hätten wir niemals
in diese Währungsunion rein dürfen! Was wir brauchen, ist eine starke
Währung, und Widerstand um unseren Staat, bzw. das was davon noch

übrig blieb, in Zusammenarbeit mit schweizer Konzernen und Politik,
wie in den 1970ern zu stärken."

"Ob uns die Schweizer gerade jetzt, wo wir uns im Desaster befinden,
zur Seite stehen werden, ist mehr als fraglich."

2014 Syrienkrieg-Österreich-USA

Der Krieg Syrien, Jihadisten IS, Kurden
Flüchtlinge.

Ein dreigespaltenes Abkommen mit Ausmaßen welche an Dreistigkeit
und Volksverblendung nichts anderes war, als der Bosnienkrieg,
der Ukrainekonflikt bis hin zum 2. Weltkrieg.

Faktum war: wenn Kriege sich entwickeln, waren die US Truppen
sofort parat.
Mit der NATO und der Aufgabe unserer Neutralität lief es immer
folgendermaßen ab.

1. Kriege werden forciert.
2. Waffen an beiden Seiten waren die gleichen! Warum???
   Damit

3. Die Waffenlobby und die Rüstungsmaschinerie kräftig Kohle machen.
4. Binde Verbündete ein um nicht der Sündenbock zu sein.
5. Österreich liefert Waffen, Deutschland liefert ebenso, um die Armen zu überstürzen.
6. Gesetzeswiedrig ist dies ohnehin, jedoch wenn man dafür 100 Tausende
7. Flüchtlingen ein Dach über den Kopf gibt und die eigene Bevölkerung als Rassisten darstellt
8. Wird diese Handlung sich in Kriege einzumischen, illegale Geschäfte zu tätigen
9. Legal und die Bevölkerung wird langsam aber sicher marode.

Dieses Quäntchen an Grausamkeit am eigenen Volk geht bis zum
Ersten Weltkrieg zurück.

Als mit der Neutralität dieses Österreich mit der immer schon intelligent agierenden Schweiz gleich gesetzt werden
DURFTE, wäre es dies
an vergangenem Grausamkeiten genug.

Jedoch wenn man eine derart drastische Idiotie, gepaart mit grenzwertigem Stockholmsyndrom inne hat,
und glaubt, immer mit den großen Verlierern, welche sich chronisch
als Gewinner sehen, den global Player zu spielen, dann kann einem
Fleck auf der Landkarte auch kein Flüchtlingsauffanglager helfen.

Niemand von denen würde Flüchtlingslager für Österreicher, Deutsche
oder Franzosen errichten.
Den Teufel würden Sie tun.
Weil diese Regionen selbst nie aus dem hausgemachten Glaubenswahnsinn je heraus kämen.

Die Europäische Union hat seit Anbeginn nicht selbst eingehalten
um je Stärke zu entwickeln.

Begonnen hat alles damit, dass Helmut Kohl und seine Bonzenkollegen
alles hinnahmen um dieses neue Europa in Gang zu setzen.
Was in den folgenden Jahren geschah?
Griechenland wurde trotz allen Gesetzeswiedrigkeiten für eine Aufnahme
in diesen Apparat, 2001 offiziell in diesen Superstaat aufgenommen.
Dies war für jeden halbwegs intelligenten Bürger ein wirtschaftlicher Wahnsinn.
Nach 9/11 in den USA, wurde die mediale Freiheit extrem eingeschränkt.
Auch hier in Europa.
Warum?
Weil diese EU rein gar nichts mit Europa allein zu tun hat.

Die Ereignisse um den 11. September zeigten vor allem,
wie schnell Medien benützt werden können, um Formen globaler
Gewalt zu generieren.

Hinzu kamen Staaten deren Bewohner nicht von ihrem Beitritt
Per se profitieren konnten, sondern vielmehr in Mitteleuropa
wie Österreich, Deutschland und Frankreich, um Asyl
ansuchten
um mit Hilfe deren Toleranzpolitik alles und jeden integrieren
wollten,
das diesen Staaten erheblichen Schaden zufügten. Zufügen
sollten.

Weiters wurde man als gebürtiger Inländer zur Toleranz
aufgerufen
und dies obwohl mit einem Anstieg der Verbrechensrate die
Sicherheit
durch eben diese nicht integrationswilligen Zuwanderer enorm
anstieg.

Der Regierung war dies egal. Man musste sich nur die Liste
der
Inhaftierten in diesen Staaten ansehen und schnell wurde klar,
man
hat sich nicht geirrt.

Warum der Regierung egal war, dass das Volk litt und wütend
wurde,
auch schnell klar.
Durch ihre brave selbstgefällige Mitarbeit an den Europäisch-
Amerikanischen
Lobby-Plänen, scheffelten diese mit der Umgestaltung
Europas mit
Auftrag der weltgrößten Multinationalen Konzernen, an der
Spitze
Blackrock und die Tatsache, dass der EU-Sitz in Brüssel der
2. größte

Lobbyisten Umschlagplatz mit enormen Geschäften war und ist,
stellt klar dass die meisten mächtigsten Lobbyisten in den USA sitzen.

Die größte Europäische Netzwerkorganisation

Der European Round Table kann mit seinem Netzwerk als einflussreichste und prägendste Lobby-Organisation innerhalb der Europäischen Union angesehen werden.

Der European Round Table of Industrialists
(Europäischer Runder Tisch Industrieller) ist eine
Lobby-Organisation von rund 50 Wirtschaftsführern
großer europäischer, transnationaler
Konzerne mit Sitz in Brüssel.
Ziele des Forums sind dasEntwickeln langfristiger, wirtschaftsfreundlicher Strategien und die Organisation von
Treffen mit Mitgliedern der Europäischen Kommission, einzelnen
Kommissaren oder dem Kommissionspräsidenten, um die Richtung des Integrationsprozesses innerhalb der EU zu gestalten.

Hört sich zwar ganz korrekt an, ist jedoch nichts weiter als
über Leichen zu gehen, Macht zu verteilen, zu spionieren um

Mitten im Desaster mit größtmöglicher Geld- und Machtausbeute
das sinkende Schiff aufzuteilen.
Dadurch wird es erst möglich gemacht, seinen "Joker" richtig auszuspielen.

Um sich bewusst zu werden, wie abhängig unser Lebensstandard
von dieser global vernetzten Kraft ist.

Nimmt man die Treffen der Bilderberger-High-Society, (meist in Europa!!!)
dann wird schnell Licht ins Dunkel strömen. Wenn einem bewusst
wird dass die Mächtigsten aller Herren Länder sich dort unter totalitärer
Abschirmung Heimlichkeiten, welche nur nicht an die Öffentlichkeit
gelangen sollten(durften),trafen. Und auch Regierungsmitglieder
der eigenen Regierung sich dort tummeln und im Anschluss nichts
dazu sagen, nichts zu einem Treffen, gegen das der G8 Gipfel ein Schulausflug ist, was die Bedeutung der sich an diesen Treffen
befindlichen Personen, wie Rockefeller, Verschwörungsidealisten
und Staatsmänner wie Multinationale Konzernbosse ist.

Es konnte nicht anders kommen, dass wir sukzessive in den wirtschaftlichen sowie menschenrechtswidrigen Wahnsinn gesogen
werden sollten.

Zum ersten Mal wurde die Konferenz im Mai 1954 auf Einladung
von Prinz Bernhard der Niederlande in dessen Hotel de Bilderberg
in Oosterbeek, Niederlande veranstaltet.
Der Name Bilderberg wurde vom ersten Tagungsort übernommen.

Dieses erste Treffen hochgestellter Persönlichkeiten erwuchs
aus der Befürchtung, dass Westeuropa und Nordamerika möglicherweise
nicht so eng zusammenarbeiteten, wie es die ernsten Probleme,
mit denen sich die Staaten zu diesem Status konfrontiert sahen,
erforderlich zu machen schienen.

Westeuropa und Nordamerika, und im Jahre 1954, bedeutet heute
nichts anderes als Nordamerikas Wirtschaft mit der Europäischen
Union zu verschmelzen, was bis 2029 noch zu immer ärgeren
Auswüchsen führte.
Kontrollierte Macht im wirren System, von denen immer diejenigen
den Überblick haben welche hinter den Kulissen agieren.

Was 1954, neun Jahre nach Ende des 2. Weltkrieges, noch eine
vermeintlich logische Instanz war, entwickelte sich bis dato zum

Machtapparat, in denen nun nicht nur Westeuropa und Nordamerika
involviert sind, sondern auch über die Vernetzung von Brüssel aus,
Russland nach dem Okkupieren der Ukraine, wie auch Finnland,
große Macht inne hat um gemeinsam den Rest Europas wieder neu
herzustellen, Wie eines verrückter Plan Adolf Hitlers, ein Reich nach seinen Vorstellungen zu erschaffen.

Und man sieht sich wieder damit konfrontiert, dass sich die Geschichte
wiederholt.

Die Zeit ist ein Faktor dessen,
was in diesem Raum
sich zum Guten

oder zum Böse entwickelt.
Doch Zeit entwickelt sich nicht,
sie verstreicht.
Was in ihrem Verstreichen
an Tatsachen geschehen,
werden relativ sein,
wenn man sieht
was am Ende der Zeit

mit dem uns zur Verfügung gestellten
geschieht.   DG 2013

Fragen kommen auf, nicht nur bei den Cerviks, auch bei Ralph und Sonja, beim Bundespräsident ohne Macht, und auch beim Rest vom Überrest.

Wie wird es weitergehen, welche Verschwörung bleibt bestehen.
Werden wir weitermachen oder irgendwann trotz Misere lachen.
Macht Verzweiflung durch Macht sich breit.

Haben die Cerviks sich verzockt, oder werden sie auf Dauer Erfolg haben.
Kann der Bundespräsident irgendeine Machtwirkung haben, um
Sein Amtsrecht zurück zu ergattern.
Oder wird in den russisch-amerikanischen EU-Schutztreffen eine Art
Marshallplan der Gegenwart, zur Stärkung der 3-Kontinenten-Kraft
erstellt?

Nur Stück um Stück entstehen neue Gebäude, durch diese Sklaverei
erschaffen, für die Großmacht geschaffen.

Straßenschlachten, die Übersicht wird beinahe unmöglich.

In Geschäften wird von Betuchten eingekauft, hinter dem Pult
Verkäufer mit Sonderschutz. Überfälle gibt es trotzdem häufig.
Meist wird der Räuber schon beim Versuch niedergestreckt.
Man unterscheidet zwischen den Straßenhändlern, die alles
an Währung

annehmen, aus der Not heraus, wenn es den Wert des Verkauften
entspricht.

Juweliere, sehr rar, sind herbe Ziele von Anschlägen. Daher ist alles
um diese besonderen Händler sehr gefestigt. Nicht offensichtlich.

Obdachlose verschwinden von den Strassensteigen, niemand fragt
sich nach dem Warum und Wohin.

Offiziell wird behauptet dass diese massenhaft verhungern.

Dieter Cervik hat einen Versuch gestartet.
Er sammelte mit Hilfe des Bundespräsidenten Gelder, um
diese für
Obdachlose anzulegen.
Er interviewt dabei diese Menschen am Rande der Gesellschaft,
teilt Ihnen zum Abschluss mit, was er vor hat.

Um festzustellen ob diese auch noch hier sein werden, vereinbart
er mit jedem Einzelnen einen Termin.

"Mal sehen, ob dann noch alle hier sind."

Dem Präsidenten wird nahegelegt, dass innerhalb der Gesellschaft
Versuche, sei es medizinisch oder etwas ähnliches,
durchgeführt werden.

Also wirft Dieter dieses gesammelte Geld auf den Aktienmarkt, momentan wird mit Schicksalen gehandelt. Creepy, aber hier gibt's
am meisten Asche zu holen.
Einige Wochen, stetige Beobachtung des Marktes und Auszahlung

an den Präsidenten, das wirkt.

Während dieser, sich nach enormer Rendite, das Geld in Dollar vor
sich hatte, rief er Dieter an.

"Ja, du ich habe hier genug Geld um für 20 Menschen eine Wohnung
zu mieten."
Dieter lacht in den Hörer.

"Ja, ich weiß Bescheid!"

Also macht er sich Tage später auf zum vereinbarten Termin.
Am vereinbarten Ort kommt auch schon der Mann den er Wochen
zuvor traf.
Vorsichtiges Händeschütteln seitens des Vollbärtigen, sehr in Mitleidenschaft
gezogenen Mannes. "Ich freue mich sehr, dass Sie heute zu mir
gekommen sind."
Der Obdachlose sieht zur rechten Hand Dieters hinab und fragt:
"Was ist das?"

Dieter grinste ihn an, und meinte: "Das, ist ihre Zukunft!
In diesen Koffer, sind 50 Tausend Dollar!"
Der Mann glaubt nicht wirklich was ihm dieser Anzugträger,

mit legerem Touch, verkündete.
"Verarschen kann ich mich selbst!"

"Nein, guter Mann! Sie sind Teil eines großen Planes."
Kopfschütteln.

"Was für ein Plan?"

"Projekt Mietwohnung."
"Mietwohnung?"

Dieter erklärt ihm, Wochen später auch jedem anderen seiner Auslese, um was es hier eigentlich ging.
Was für eine grossartige Bedeutung dies darstellt.
Dabei bemerkt er, dass zwei der ursprünglichen Männer fehlen.
"Wo sind die zwei?"

Dabei erfuhr er, dass Heinz, einer der im Projekt Mietwohnung beglückt wurde, nächtens von einem weißen geräumigen Wagen mitgenommen wurde. Einige solcher Wägen durchstreifen
dieses Gebiet schon länger , um solche Menschen mitzunehmen.
"Und weiter?"
"Nix weiter."

Dieter und Präsident Koller, der den Staat nur noch zum Schein führt,
um Neujahresansprachen oder vermeintlich wichtige Ansprachen zum
Volk abzuhalten, schalten bezahlte Spitzel ein.
"Um Großes zu bewirken, muss man bei den Kleinen beginnen."

Im Laufe der Monate verschwindet noch ein Obdachloser.
Die Mieten werden vom Präsidentenamt selbst organisiert und die
Polizei, die zum Teil noch inländischen Gesetzen unterliegen, das heißt
vom Bundespräsidenten beauftragt, halten in nächtlichen Patrouillen,
gegen Aufzahlung, Ausschau nach diesen weißen Wägen.

Oktober 2029

Dieter konnte insgesamt 20 Obdachlosen eine kleine Mietwohnung
mittels gutem Geld ermöglichen, im Gegenzug sollten sie
für ihn arbeiteten.

Eine Art Spionage, eine Gegenbewegung zu dem, was uns ausspioniert
Dies war oberste Priorität.

"Mischt euch mit dem von mir zur Verfügung gestellten Geld unter
die Leute."
Dieter hat auf dem internationalen Aktienmarkt, der einzige um Geld
zu machen, bereits einiges an Mittel zusammen getragen.
"Ich möchte wissen, wer unsere Gesellschaft untergräbt und uns von

denen nicht unterdrücken lassen."

Auch die Opposition, welche nun eigentlich als Helfer fungieren,
da Wahlen ohnehin abgeschafft bzw. nicht mehr durchführbar sind, steht dem aktiv bei.

"Es wird ein sehr langer Weg! Aber wir müssen es versuchen!"
Stellt Dieter klar.

November 2029

In Brüssel ist Präsidententreffen:

Auch Präsident Koller ist anwesend.

Hauptthema dieser Farce: Verstärkung der Truppen in Ost und West und die Mithilfe,.... Brechen wir es herab, dir einzelnen
Staatsoberhäupter zur Aktivierung der Bevölkerung, Begeisterung
für ein pro-globales Miteinander zu entwickeln.

Der Vorsitz besteht aus den vier größten Dynastien.
Drei aus Amerika eine aus Russland.

Der Deutsche Präsident schlägt wütend auf den Tisch.
Es macht ihn mürbe, zu sehen was diese "Neue Ordnung" betreibt.

"Herr Präsident," fragt der Vorsitzende Morgan, "gibt es irgendein
Problem?"
Sichtlich kochend vor Hass, schüttelt er den Kopf.

Nachhakend: "Gibt es etwas das Sie uns mitteilen wollen?"
Plötzlich bricht es aus ihm heraus, Koller will ihn noch zurück
halten, als er laut schreit: "Ich verbiete mir diese kriminellen
Machenschaften! Ihr habt sämtliche Kriege begonnen! Ihr wurdet nie
bestraft! Wir hatten diesen Idioten Hitler und wir dürfen für alle Zeiten
büßen!"
Bevor er weiter ausschweifend werden kann wird er abgeführt.

Man hört ihn noch schreien: "Ihr habt immer alles inszeniert, alles Illusion,
ihr scheiss Blend....!"

Plötzlich ein gedämpfter Schuss, Stille.

Angst, förmlich zum Inhalieren, riechend, spürbar.

Als der Tag sich dem Ende neigt reisen die kleinen Volksvertreter
wieder ab, bis auf einen.

Gedanken schießen dem Bundespräsidenten durch Mark und Bein.
"Wie soll das weitergehen?"

Am nächsten Novembertag ruft er Dieter Cervik, den Vertreter der
Freiheitlichen und die "Neuen" zu sich.

Es wird besprochen was gestern passierte: "Die haben ihre Elite und
gehen selbst in ihren eigenen Reihen über Leichen."
"Der deutsche Präsident ist vor meinen Ohren ermordet worden!"
"Das ist das vierte Reich, und wenn wir selbst jetzt nicht zur Schelte
greifen, werden wir ausgerottet!"

Der Vorsitzende der "Neuen Österreicher" Karl Pischinger bringt es auf
den Punkt: "Womöglich noch in Konzentrationslager!"
Dieter sieht seinen Vorredner an und deutet mit seinem Kugelschreiber
auf ihn: "Das ist es! Die Obdachlosen! Die fehlenden Menschen! Die
verlorenen Verwandten!"
"Wo sind die hin?"
Pischinger: "In einem Lager?"
"Bingo!!"
Der freiheitliche Vertreter und der Präsident im selben Wortlaut,
"Das bedeutet Krieg! Besser, wir befinden uns im Krieg!"
Alles andere wäre eine Illusion vom Staate, der mit Illusionen eine uralte
Illusion, nämlich das 3. Reich, kopiert.

Doch wer sich als stolzer Army Soldat fühlt und für seine Fahne sein Leben riskiert, solle folgendes Zitat lesen:

Heute wären Amerikaner außer sich, wenn U.N Truppen nach Los Angeles
kommen würden um wieder Ordnung herzustellen, morgen
währen sie dankbar.
Das trifft insbesondere dann zu, wenn ihnen erzählt wird, dass eine
Gefahr von außen existierte, ob nun wahr oder erfunden, die unsere Existenz bedrohte.
Es ist dann so, dass alle Menschen der Welt den Führern der Welt beipflichten,
damit diese sie von dem Bösen erlösen.
Henry Kissinger Ex US Außenminister

Aber mein Lieblingszitat, das aussagt was diese Kreaturen von Moral und Ehrenhaftigkeit halten:

Soldaten sind nur dumme Tiere, die als Schachbauern in der Aussenpolitik
benutzt werden.
Quelle: Henry Kissinger – Council on Foreign Relations

Wenn Chaos vermieden werden soll, muß zwangsläufig eine neue Weltordnung

gefunden werden.
Quelle: Henry Kissinger

Diese Neue Weltordnung, seit Jahrzehnten im vollen Gange, im
Hintergrund jeder TV Sendung, jeder Werbesendung, und hinter
jedem Wort in jeder Zeitung.

"Die führen bekanntlich seit jeher diesen hinterlistigen, auf die Natur
der menschlichen Bedürfnisse abgestimmten, Psychokrieg."
O-Ton dieses Treffens

Wien 3. Bezirk

Ein Häuserblock 4 Stockwerke.

Dank einer Riege von Insidern, Aktienhändler und Internet Hackern,
ist es Dieter Cervik gelungen dieses Haus für ehemalige Obdachlose
bewohnbar zu machen.
Er und sein Vater Roland fungieren als Vermieter.

Der große, recht legere, jedoch immer in Schale geworfene

Dieter weiß,
dass diese Immobilie inmitten eines Projekts steht, dessen Wert am
momentanen Market sehr gefragt ist, da hierhin eine Art Empire State

Building in Wien entstehen soll, um wie nach US Vorbild deren Stärke
im Weltbild zu demonstrieren.

So billige, ja sklavenartige Arbeitsverhältnisse gab nicht mal während
der Rezession nach 1929.

Wurde diese einst ebenso durch die Vorfahren dieser "Wohltäter"
ausgelöst. Zumindest waren sie diejenigen, welche durch rechtzeitigen
Ausstieg vom Handelsmarkt profitierten, und die Blase zum Implodieren
brachten.
Und nun sieht man, dass es keines Nostradamus bedarf um die Zukunft
vorher zu deuten.

"Bin ja mal gespannt, wie lange es dauern wird, bis hier der Bär steppt.
"Wenn die Wind kriegen, dass hier gut bezahlte Mietwohnungen auf
Staatsgeheiss des Präsidenten und der 2-Parteien-Macht bewohnt werden..."

Logischerweise werden "Die Neuen Mächte" notfalls mit schwerem Gerät
auffahren, doch die innerstaatlich Verbündeten wollen Nichts unversucht

lassen um, den Bären und die Statue of Liberty kräftig zu
ärgern.
"Ja mal sehen, meine Herren."
Der Präsident, Herr Pischinger, und der Freiheitliche, von Roland immer
der Blaue genannt, werden zur Not die Stadt anzünden.
Frei nach russischem Prinzip der verbrannten Erde.

Ende November 2029

Die Cerviks, Roland und seine Gattin Hanah, machen sich auf den
Weg in die Schweiz.

Die Überlegung ob mit der Bahn oder mit dem Auto, da die Benützung von
Fluglinien momentan mehr Schwierigkeiten mit sich bringt, wurde auf
die eigenen vier Räder entschieden.
An der Grenze wird es ohnehin genug Troubles geben, also dann gleich
mit den Geländewagen. Der ist wenigstens geräumig für die lange Fahrt.

In Bern macht Hanah's Schwester schon alles für deren Ankunft bereit.

Dieter, Adolf und Rudi, haben hier genug zu tun, ob mit Erfolg oder
nicht, wird sich herausstellen.

Wobei allen klar ist, dass diese Übermacht eine Sisyphusarbeit
wird, wobei Ausdauer und der Wille zum Erfolg unbedingt vorhanden
sein muss. Und dies von allen Beteiligten.

Ihnen ist auch klar, dass Sie dazu das komplette Volk motivieren
müssen.

Legende der neuen Welt-Ordnung:

Laut Skull and Bone muss man, um in diesen, mit schwarzer Magie
behafteten Riege aufgenommen zu werden, sich nackt in einen Sarg
legen um in ihrer Macht wieder geboren zu werden.
George W Bush machte ebenfalls dieses schwarze Ritual mit.
Laut Satanismus ist das Pentagram das Zeichen der schwarzen Magie.
Ob Aberglaube oder nicht.

Zu den Fakten welche zu bedenken geben:

Ein umgedrehtes Pentagram finden wir in den Straßen von
Washington D.C., einer von Freimaurern konzipierten und erbauten Metropole.

Den Innenraum eines Pentagramms nennt man indessen
Pentagon. Bei dieser Bezeichnung kommt einem sofort das
Kriegsministerium der USA in den Sinn und es ist wohl kaum ein
Zufall, dass man dieses als Pentagon erbauen lies.

Weiters, wenn der Ex US-Präsident George Walker Bush God bless Amerika meint, ist es so als würde Aristoteles eine Zwiebel
schälen.

Einige weitere Fakten, dass dies nur der Beginn war als die Zwillingstürme
einstürzten.

Nämlich:

- Eine große Zahl der politischen Führer weltweit und der globalenUnternehmenselite gehören zu einem System satanischer
Geheimgesellschaften.

- Die Anordnung der Straßen Washingtons stellen ein satanisches Pentagramm dar,das weiße Haus im Mittelpunkt.

- In Elberton, in Georgia,repräsentiert ein Granitmonument diezehn
satanischen Gebote.

-Die politische Elite des Landes spielt in Kalifornien Menschenopfer
nach.

- Der implantierbare VeriChip,stellt eine Neuauflage des Zeichens des Bösen dar und

- Die Ankunft des leibhaftigen Antichristen steht schließlich

bevor und verwandelt uns alle durch "hybride Nerveninterfaces"in
seelenlose und ferngesteuerte Geschöpfe.

Dankeschön!!

Klingt nach einem Vorhaben, welches mit okkultem und
einem tausendjährigem Reich die Weltherrschaft okkupieren wollte.

Damals hat dies zum Glück nicht funktioniert.
Aber wer glaubt, dass die US-Regierung gegen Nazi-Deutschland
kämpfte, heldenhaft bis zum letzten Blutstropfen, der irrt.

Vielmehr wurden Waffen amerikanischer Rüstung in Deutschland,
für Deutschland, hergestellt.

Dass der Untergang des Deutschen Reichs für USA nichts anderes
bedeutete als dass nun auch das Know How der deutschen Kriegsforschung
offiziell und legal von den Amis verwendet werden durfte.

Interessanterweise waren beim Nürnberger Prozess
Persönlichkeiten
wie Wernher von Braun straffrei ausgegangen und sofort im NASA Programm
für Raketenbau zuständig.
Und nachdem die Sowjets, als erste Macht noch vor den USA, im Weltall
waren, wurde von John F Kennedy prophezeit:
"Bis Ende des Jahrzehnts werden wir den Mond erobern!"

Interessant dabei, bei keinem Versuch, auch nur eine unbemannte
Rakete geradeaus in eine entsprechende Höhe zu befördern, wurden
Erfolge erzielt.
Weitere bemannte Versuche endeten mit dem Tod eines Astronauten.
Neil Armstrong sagte noch kurze Zeit vor der Mondlandung, dass es unmöglich
sei.

Und wie durch Zauberhand wurde unter dem Raketenmann von Braun
im Jahre 1969 der erste Mann auf den Mond befördert.
"Ein kleiner Schritt für einen Mann, ein großer für die Menschheit."

Realität oder perfide Illusion?

Hollywood oder deutsche Gründlichkeit mit amerikanischem Mut.

Österreich November 2029

Stunde um Stunde vergeht, die Grenze naht.
Die beiden, mit Genehmigung zu Verwandten auszureisen, hoffen,
ohne Probleme, oder Schikane zur Schwester zu gelangen.

3 Uhr morgens: die Grenze zur Schweiz ist etwas leer.
Fast im Alleinflug schreiten sie Richtung Kontrolle.
Zuerst die US-Austromillizen, eine Mischung unseres Heeres und
amerikanische Soldaten.

Fragen, Rundgang ums Auto, Blick in das Interieur, und Leibeskontrolle.
"Sie können weiterfahren."

Bei den Schweizer Zöllner, heißt es danach nur mehr Grüezi und Auf wiedaluaga.
Roland muss jedes Mal lachen , wenn er diesen Dialekt hört.
Hanah sieht ihn mürrisch an: "Lach nicht! Als wir uns kennen lernten
hab ich auch Schwizerdütsch gesprochen."
"Ja darum hab ich dich auch so gemocht!"
Grinsen.

Der Morgen des 29. November:

Einfahrt der Familie Girschele in Bern.

"Na grüezi, wie geht's euch!"
Anna Girschele, Hanah's Schwester steht schon in der Auffahrt zum
Haus.

Endlich angekommen, in einem anderen Staat, auch in einer Art anderer
Welt.

Wien 29. November 2029:

Das Projekt "Ein Dach für Obdachlose" nimmt Formen an.

Wie besprochen wurden die Papiere, Mietverträge und Staatsbürgerschaften
vom Oberhaupt, dem Präsidenten, abgesegnet.
Doch wieviel hat der Bundespräsident hier und heute noch zu sagen.
Also trifft er sich mit den beiden Machtapparaten, welche eigentlich
alles überwachen, jedoch bis dato kaum einschritten.

Im Schloss Belvedere, in dem diese Machtinstrumente hausen, sucht
er um ein Meeting an.
Tags darauf sitzt der Oberhäuptling Österreichs, wie Dieter, der in Koller
so etwas wie eine zweite Vaterfigur fand, ihn nennt, im Schloss.

Ein, zu einem riesigen Büro, umgebauter Saal wirkt als Räumlichkeit
für den Diskussions-Anlass.

"Sie wollten uns treffen? "
"Ähm, ja! Aufgrund Immobilien, welche von meiner Seite zur Vermietung

abgesegnet wurden."

Kurzer Blick in den Computer. "Ja, wie ich hier sehe, haben Sie einem
Herrn Roland Cervik die Rechte zur Vermietung des Gebäudes 3/232.1
erteilt."

Strenger Blick. Köpfe werden zusammen gesteckt. "Warum kommen
sie erst jetzt? Der Vertrag wurde von ihnen bereits abgesegnet!"

"Tja ich dachte, dass, da ich immer noch das Staatsoberhaupt bin..."

"Moment! Herr Präsident, glauben Sie wirklich, dass, nur weil sie
der Bundespräsident sind, das Oberhaupt sind?"

"Ähm..., ja!" Koller etwas naiv, in der Hoffnung auf Verhandlung.
"Nein! Nein! Nein! Wir sagen ihnen was sie sind, wir sagen was sie zu
tun haben, und übrigens, dieses Projekt wird rigoros abgelehnt!"
Ein Stempel knallt auf eben ausgedrucktes Formular.
Quer zu lesen: "REJECTED"

Einige Strassenmänner beziehen bereits die etwas herunter gekommenen
Wohnungen.
Freude im Allgemeinen.
Doch ein bitterer Nachgeschmack bleibt.
Dieter's Spion hat herausgefunden, dass einige der Verschwundenen,

des nächtens in verschiedene Spitäler gebracht wurden.
Auf Nachfrage warum, sagte man nur "Alkoholvergiftung."
Doch von vertrauter Quelle hat er erfahren, dass wohl einige Versuche
durchgeführt wurden.

Genaueres kann er nicht sagen, doch es riecht verdammt nach
Geschäften mit der Pharmaindustrie.
Nachdenkliche Gemüter.

Bern 30. November:

Beim gemütlichen Beisammensein, wird natürlich viel gesprochen, teils
diskutiert. Reto, Roland's Schwager versteht einfach nicht, wie Staaten
so blöd agieren und sich selbst in ein Desaster reissen.
Das Thema ist durch seine Aktualität auf jeden Fall heisses Eisen.
Reto: "Warum habt ihr auch immer den gewählt, der am meisten versprochen
hat?"
Anna's Gatte ist, wie die meisten seiner Landsleute, der Meinung, dass,
wenn dir einer Geld verspricht, nimmt er dir mindestens die Hälfte weg.
Das die Schweiz, momentan Ausweichpunkt Nr.1 ist, sei eine logische

Schlussfolgerung.
Und genau da wird Reto etwas ausfällig: "Erst die grossen Bündnisse
zusammenwürfeln, uns bekehren wollen, und dann kommen's angekrochen!"
Dass dies alle so sahen, welche an diesem Abend abwesend waren,
ist klar.
Auch in der Nacht beschäftigt dies Roland sehr, kreisend bewegen sich
seine Gedankenfetzen zu einem gesamten Dilemma.
Hier in der Schweiz zu bleiben, die einzig vernünftige Lösung.
Er schaltet die Nachttischlampe ein. "Was meinst du, Hanah?"
Hanah hat schon geschlafen und wird langsam wach. "Was meinst du?"
"Ich meine, dass wir neu beginnen! Hier!"
Hanah: "Neuanfang?! Und wie stellst du dir das vor?"
Roland atmet tief ein, gepresst aus. " Naja dir gehört hier ja auch ein
kleines Anwesen!"
Hanah: "Ja schon, aber das ist vermietet! Und Dieter...?
Und unser Haus in Wien?"

"Hanah wirklich! Dieter kann sehr gut auf sich selbst aufpassen und
in Wien haben wir wirklich nichts mehr verloren!"

In dieser Nacht wird nun endgültig ihr Umzug in die Schweiz besiegelt.
Dass es Stress mit den Behörden geben wird, ist
unumgänglich,
aber bei genauerer Betrachtung hat niemand Lust, in einem Land zu

leben in dem George Orwell's Phantasievorsehung, mit redlicher
Verspätung, nun eingetroffen ist.

Irgendwie war es klar, dass der beste Ort zum Leben ausgerechnet inmitten der größten Wirtschaftskatastrophe seit Menschengedenken ist.

Reto würde sagen: "Ja wir Eidgenossen haben unsere Hausaufgaben
gemacht!"

Zur gleichen Zeit, im Osten Österreichs

Als die Sonne ihre erste Stärke an Firmament zu zeigen scheint,
donnert es an der Eingangstüre. Starker Lärm!
"Hallo? Sicherheitspolizei! Sofort aufmachen!" Weiteres Klopfen!
"Schei...! flucht Dieter, der sich denken kann, warum die Polizei vor
der Tür stehen.

"Rudi!" Er rüttelt den etwas betrunkenen Mann.
"Rudi, steh auf!!"

Doch noch bevor dieser seinen Kopf hoch kriegt, sieht er in den Lauf
eines Gewehrs.

Eigentlich, sehen die zwei in die Läufe so vieler Gewehre und Pistolen,
dasd ihnen angst und bange wird.
"What the fuck...!!" Denkt sich Dieter und Rudi beim Anblick dieses Grossaufgebotes.

Während man Sie abtransportiert, schlägt Rudi einem dieser Schergen
der Macht mit der Faust ins Gesicht. Der Sicherheitsbeamte blutet.
Worauf rund zehn Mann diese schmächtigen Männer massivst verprügeln.

"Immer schön unauffällig! Ihr Arsc.....!!!!", schreit Dieter unter niederprasselnden
Hieben.

Rein in den weißen großen Kastenwagen. "Ab geht's!", schreit einer.
Mit Handschellen geschmückt sitzen Sie mit zwei weiteren Unbekannten
in diesem Fahrzeug.
Die Fenster sind derart abgedunkelt, dass sich ein Raussehen nicht
lohnt.
Gedrückte Stimmung.
Nach gefühlten 6 Stunden Fahrt, hält der Wagen.
Ein Mann steigt aus, ein anderer Sicherheitspolizist steigt mit einem
weiteren Gefangenen zu.

"Na dich haben Sie ja ordentlich erwischt!"
"Ni slova!", sagt der zugestiegene Sicherheitspolizist.

"Was will er?"

Lauter. "Tishe!!"

"Der große Bär will, dass du ruhig bist!"

"Dieter. Und wer bist du?"
"TISHE!!!!"

"Ok,Ok."

Während der nächsten zwei Stunden fiel kein Wort.
Im inneren des Wagens fielen ab nun keine Phrasen mehr,
mur kurze, unverständliche seitens der Sicherheitspolizei.
Dieter malt sich in Gedanken schon das Schlimmste aus,
doch wie hochgradig diese Befürchtung werden würde,
kann er sich gar nicht vorstellen.

Die Zeit vergeht im Schneckentempo. "Aufs Klo müsste ich auch

noch...", schießt es ihn durch den Kopf.
Er wird unruhig.
"Was ist?", fragt ihn der Mann von der Sicherheitspolizei.
"Ich muss pissen!"
Kurzer Blick zu seinen Kollegen.
Nimmt eine Flasche. "Hier! Piss rein!", und lacht.
Wutentbrannt nimmt er die Flasche umstandshalber, da gefesselt.
Doch bevor er auch nur den Ansatz der Flasche berühren kann, legt er auch

schon los. Es läuft einfach, jedoch fast alles daneben.

"Mudak!!", schreit ihn der stämmige, offensichtliche Russe an.

"Ja wie soll ich da rein treffen? Verdammte Sch....!" Kaum ausgesprochen,

kommt auch schon eine große Faust zugeflogen und verfehlt seine
Wirkung nicht.

Dieter spuckt einen Zahn aus, zwei weitere Zähne wackeln.

Dieter beginnt zu randalieren, aber gegen diese Übermacht hat er nicht
den Funken einer Chance.

Nach geraumer Zeit hält der Wagen abermals.

"Aussteigen!'"

Alle sich im Wagen befindlichen Gefangenen schauen nur fragend zur Tür.

"Los, raus mit euch, los!!"

Schweren Schrittes und mit eingeschlafenen Beinen fällt Dieter aus
dem Wagen."
"Los, steh auf! Das Paradies wartet!", grinst ihn der blonde Riese an.

Dieser geht hinter den Häftlingen, anders kann man die Situation
nicht deuten, nach, Gewehr im Anschlag.

Wie lange sie mit ihnen hierher fuhren wissen diese Geschöpfe nicht.

Jedoch aufgrund einsetzender Dämmerung sehr lange.

Dieter im Gesicht blutverschmiert, das Blut um die Nase verkrustet,
Schmerzen, doch beim Anblick dieser Baracken wird ihnen allesamt
angst und bange.

Die Schergen marschieren mit Ihnen zu den Baracken, öffnen die knarrende
Holztüre. Was Dieter, Rudi und die anderen zu sehen bekommen,
lässt sie vor Angst und Übelkeit erstarren.
Stahl-Stockbetten, auf kleinstem Raum, übereinander, nebeneinander.
Und ausgemergelte Männer.

Beim Anblick dieses Grauens fällt Dieter nur ein Wort ein.
Holocaust.
Jedoch mit allen, ohne wahrer Selektion.
Einfach weg mit den Armen, Gegnern und alles was störend sein könnte.

Sie werden noch bevor Fluchtgedanken aufkommen ins Grauen
gestoßen und finden sich in einer Mixtur aus Lärm, Gestank, und
Elend wieder.
Sich umblickend entdeckt Dieter einen Mann, der die meiste Zeit predigt.

"Sind sie Pfarrer?"
"Nein, aber weißt du was uns erwartet?"
Dieter verneinte mit spekulativen Gedanken.

Plötzlich, wie aus dem Nichts, spricht dieser alte Mann, stark unterernährt
und extrem stinkend:

"Wir alle aber, warten auf den neuenHimmel und die neue Erde,
die Gott uns zugesagt hat.Wir warten auf diese neue Welt, in der es endlich Gerechtigkeitgibt."

Erschrocken fragt er ihn:" Von wem haben sie das?"

"Bibel, Petrus....."

Er wendet sich von dem Unheimlichen ab und sucht sich ein Plätzchen.
Scheinbar unmöglich hier noch einen freien Zentimeter zu finden.

"Die Neue Weltordnung hat für uns alle einen Plan, einen guten
und einen schrecklichen, für uns hier", kurze Pause, bevor dieser
alte Prediger weiterfährt, "den Schrecklichen."

Es gab in der Tat zigtausende Zitate in den letzten einhundert Jahren darüber, jedoch hat sich jemand darüber Gedanken gemacht?
Nein! Warum auch?

Simple Antwort: Weil es den Menschen zu gut ging.

"Derjenige muss in der Tat blind sein, der nicht sehen kann, dass hier auf Erden ein großes Vorhaben, ein großer Plan ausgeführt wird, an dessen Verwirklichung wir als treue Knechte
mitwirken dürfen."

Sir Winston Leonard Spencer Churchill (1874-1965)

"Das Wachstum unserer Nation und all unserer Tätigkeiten ist in den Händen von ein paar Männern. Wir sind dadurch unter all den zivilisierten Ländern eine Regierung geworden, die am schlechtesten regiert wird und die am meisten kontrolliert
ist.
Wir haben keine Regierung aus Überzeugung,
aufgrund der freien Stimmen der Mehrheit,
sondern wir sind eine Regierung, die aufgrund der Meinung einer kleinenGruppe dominanter Männer handelt.

US Präsident Woodrow Wilson 1916

Die geschäftsführende Direktorin des internationalen Währungsfonds,
Christine Lagarde hält eine Rede und spricht über mehrere Minuten in Rätseln

– um genauer zu sein, in numerologischen, okkulten Zahlenrätseln, die eine
Botschaft für Insider bedeuten soll. Im Lebenslauf von Christine Lagarde
gibt es eine auffallende Nähe zu Eliten – Wikipedia schreibt: Von 1995 bis 2002
war sie außerdem Mitglied der Denkfabrik Center for Strategic and International Studie
(CSIS), wo sie gemeinsam mit Zbigniew Brzezinski das Aktionskomitee USA-EU-Polen
anführte und sich speziell in der Arbeitsgruppe Rüstungsindustrie USA-Polen
(1995-2002) engagierte

Wer weiter zum Beispiel Christine Lagarde recherchiert der findet
folgenden Beitrag sehr sonderbar, jedoch nicht verwunderlich:

Als Christine Lagarde ihr Amt 2011 antrat, wurde sie zunächst ins
Ethikseminar geschickt. Dort musste sich die erste Frau an der Spitze des Internationalen Währungsfonds (IWF) - selbst
eine profilierte Juristin - über sexuelle Belästigung, Mobbing und Mauscheleien belehren lassen.

Ethik???

Menschen dieses Formates, welche Hand in Hand mit Macht, künftig
verursachte Gräueltaten sich bewegen, muss Ethik, Moral, Mauscheleien

sehr befremdlich sein.

Genauso wie Kissinger, Bush, Rockefeller, Rothschilds Kohl, Merkel, Sarkozy, Putin und der Vatikan.

Während Dieter so in Teilen von Exkrementen liegt, sind bereits
einige Tage vergangen.
Auf die blauäugige Frage: "Wann gibt's hier etwas zu essen?", erhält er die Insider-Antwort: "Nie!"

Inzwischen mitten in den USA.

Distresse, Menschen werden abgeführt, Städte gesäubert.

Für riesige Gebäudekomplexe werden massivst Häuser abgerissen,
Menschen drehen durch und werden an Ort und Stelle erschossen.

Militärs sind überall, verweigert ein Soldat zum Beispiel einen Tötungsauftrag
wird auch er an Ort und Stelle erschossen.

Verweigerer und Gegner braucht diese globale Armee nicht, schon
gar nicht, wenn die Befehlshaber inzwischen die Reichsten und Mächtigsten
sind und über dem Gesetz stehen.

Niemand hat Ahnung von Politik, jedoch Politiker sind erkauft, werden

erpresst und damit kriegen alle etwas vom größer werdenden Kuchen
ab.

Mit Kriegen hat alles begonnen, mit Geld und durch Geld eliminieren
diese den Rest der Welt.

Für Europa haben diese Herren schon vor Jahrzehnten einen klaren
Plan, welcher indirekt aufgegangen ist.
Die Mürbemachung durch Invasionen an Muslimen, welche nach
einiger Zeit zu innerstaatliche Unruhen, Geldknappheit und Ausbeutung
der staatlichen Geldreserven sorgten, jedoch unter starker Hilfe
der eigenen Politiker. Gewählt vom Volk, jedoch nicht für's Volk.

Engagierte Muslimbrüder waren Rothschilds

erfolglose Attentäter gegen Ägyptens Präs. Nasser, als dieser
den Suez-Kanal, an dem Rothschild Kapitalinteressen hat, verstaatlichen wollte.
Danach wurde die Bewegung verboten und viele mussten ins
Gefängnis.

Weiters interessant : Die Muslim-Bruderschaft arbeitet mit
der CIA und den britischen Nachrichtendiensten eng zusammen.

Alles nur Showbiz, wir wurden seit jeher belogen, wie bei 9/11.
Im Irak, Afghanistan, und mit Guantanamo.

Lüge, Lüge und Korruption.

Wie es endete, spürt Dieter. Die Amerikaner, die Russen, Europa selbst
die Staatsoberhäupter, sind nur mehr Statisten.

Das Showbiz der Goldman-Sachs-Politik lässt sich in einem Gespräch
unter ihresgleichen so zitieren:

Während der letzten 12 Monate habe ich erlebt, wie fünf verschiedene Geschäftsführer sich auf ihre eigenen Kunden als
"Muppets" beziehen. In diesen Tagen ist die häufigste Frage, die
ich von Junior-Analysten über Derivate höre: "Wieviel Geld haben
wir aus dem Klienten gemacht?" Der Junior-Analyst, der ruhig in
der Ecke des Raumes sitzt und über "Muppets", "Ausreissen der
Augäpfel" und "bezahlt werden" hört, entwickelt sich nicht gerade
zu einem vorbildlichen Bürger.

Dies zeigt wie die Illuminaten die Bevölkerungen der Welt sehen.

Goldman-Sachs und Blankfein gehören Rothschild mit Leib und
Seele.

Gespräch von Goldman-Sachs Geschäften.

Ein weiteres Faktum welches man wissen sollte. Nein, muss:

Heute leben 7 Mrd. Menschen auf dieser Erde – 9 Mrd. werden 2050
von der Elite erwartet, trotz demografischer Prognosen von einem Rückgang
der Wachstumsrate der Bevölkerungen. Die Elite hat Pläne zur Verringerung
der Zahl der Menschen auf der Erde, wie sie immer wieder zum Ausdruck
gebracht haben (die Georgia Guidestones, The Rockefeller (Ent)Bevölkerungs-Programm und Aussagen von verschiedenen Elitisten wie
Nicholas Rockefeller, Ted Turner usw.) – auchin der Londoner Times
am 22. Mai 2009 in einem Artikel, der nun gelöscht ist.

Indiesem Artikel wurde der Bevölkerungszuwachs als
"Alptraum" bezeichnet, dersofortiges Handeln
fordere -ausserhalb der Zuständigkeit der Staaten!

Präs. Obamas Wissenschafts-Zar, John Holdren, ist seit vielen Jahren
Verfechter der Reduktion der Welt-Bevölkerung. Der ehemalige
UN-Ass. Generalsekretär, Robert Muller, Club of Rome Mitglied,
hat die Menschheit einen Krebs auf der Erde genannt!

Diese Welt wird 2029 eine andere sein, wurde vor Jahren behauptet.
Aber im damals schon drohenden Untergang, Verschrottungspolitik,
dachte ein Großteil der Bürger, dass es aufwärts gehen wird,
dass dies alles Kalkül war, um die Menschen in ihrer Hoffnung alles
vorzuspielen, wussten nur wenige.
Das Ausmaß wurde selbst von Insidern unterschätzt.

Die neue Weltordnung, 1916 wahrhaft prophezeit, über einhundert
Jahre später, Wirklichkeit. Es gab genug Hinweise,
Aufständische,
als Verschwörungstheorien abgetan.

Kriege ohne Grund mit nur einen Sinn, durch die Rüstungsmafia
noch mehr Geld zu kassieren.
Wenn die Zeiten früher schlecht waren, wussten die Sir's in der
Männerrunde, "Ein Krieg muss her!"

Daran hat und wird sich nichts mehr ändern.

Als Bilderbergertreffen von wütenden Wissern boykottiert wurden,
wurden diese von den Medien ausgelacht, doch heute im Jahr 2029
lacht niemand mehr.

Wäre die Gesellschaft kritischer gewesen, in Zeiten des Internets,
es hätte nur ein paar Schlagwörter gekostet, die einiges zwar
durchschaut hätten, jedoch Otto Hankel, aber auch Max Otte hatten
das Meiste schon lange vorprophezeit.
Dies alles wusste auch Dieter Cervik, bevor er an Typhus elendig
im Lager verreckte, doch wem und was hat sich daran geändert?
Das ist die Frage.
Wenn man von Gott spricht, dann erhält man von 7 aus 10
Antworten: Schöpfer der Menschen, alter Mann mit Bart,
gutmütig, usw.

Von den restlichen 3 die Antwort: Den gibt es nicht.

In Anbetracht dessen, was im Laufe der Menschheitsgeschichte
an Grausamkeit und Überheblichkeit des Menschen, angeblich,
von Gott erschaffen, im blutrünstigen Angesicht der Zeitgeschichte
verbrochen wurde, von der Krone der Schöpfung.
Eher eine Ausgeburt der Hölle.

Man kann unter normalen Menschenverstand klar feststellen, dass
entweder das Märchen vom lieben Gott ein Märchen bleibt, und

wir ein unglücklicher Zufall sind, oder der Teufel, Luzifer genannt,
eine illustre Runde in der Hölle sitzen hat, der dieser mächtig einheiztet.
Oder, Gott hat keine Lust mit seinen Geschöpfen zu sprechen, sei
dies aus Hochmut, oder Größenwahn.

Doch um dies festzustellen, analysieren wir zuerst Luzifer, der nach Schwefel stinkende, mit Hörner ausgestattete, ist in Wahrheit:

Luzifers Licht verkörperte anfänglich die Weisheit Gottes,
doch nachdem die Sünde das Herz Luzifers in Besetz nahm
und er stolz und hochmütig wurde, wollte er sich über den Thron
Gottes stellen. Der Spruch: "Hochmut kommt vor dem Fall", ist bekanntlich ein Spruch aus der Bibel, wo es in Sprüche 16 Vers
18 heißt:
Sprüche 16: 18 "Stolz kommt vor dem Zusammenbruch, und Hochmut
kommt vor dem Fall."

Also einfach Umzumünzen.
Der Vatikan, er ist der Kleinstaat und der Hauptsitz des Papstes.
Auch die Geschichte der Kirche trägt massiv dazu bei, dass Grausamkeiten
entstehen, gesellschaftlicher Rufmord bis hin zum verzweifelten Selbstmord.

Vor allem in erzkonservativen Bundesstaaten der USA, welche ein
gefundenes Fressen für die politischen Kräfte, welche nicht nur in den
USA durch christliches Auftreten, Polemik entgegen Ungläubiger,
massive Stimmen einfahren.
Wie in Deutschland an vorderster Front Herr Friedman an Polemik,
Unglaubwürdigkeit gepaart mit Größenwahn, Herrn Lucke der AFD
eine rassistische Grundstellung unterstellt, nicht zu Wort kommen ließ

worauf man sich lieber auf seine eigenen unglaubwürdigen Drogenvergangenheit
besinnen sollte bevor man weit ausholt.
Und genau dieses Verhalten, das eigene Volk hinten anstehen zu
lassen, führt in der Zukunft zum totalitärem Zusammenbruch.

Warum die Schweiz dies seit jeher anders macht und gemacht hat?
Genau dies sieht man heute, in einer Zeit in der fast dreißig Jahre
nach Einführung der Idiotenwährung, des Euro's, indem der Crash
der gewollte Crash an dem Größe zur kleinsten Einheit führte, die kleinste
Einheit, der einzelne Mensch.

Schweizer Definition seit jeher: Das Volk ist der Chef, und nicht der
bezahlte Politiker.

Dieser darf regieren, agieren, aber im Auftrag des Volkes.

Das hat der Rest der Welt bis dato nicht begriffen.

Und dass diese Eidgenossen nun zwei Mitglieder, in Personen von
Roland und Hanah, in ihren Reihen haben, freut eben diese umso mehr.
Denn jetzt, am 31. Dezember 2029 sitzen sie mit Schwager, Schwägerin
und Schwester zusammen und feiern ein hoffentlich besseres Jahrzehnt.

Sie haben vor kurzem erfahren, dass in sämtlichen Ländern in Mitteleuropa
massiv Personen verschwinden, spurlos.
Eine richtige Abgängigkeits-Pandemie, einfach wie in Luft aufgelöst.

Die Cervik's machen sich sehr große Sorgen um ihren Sohn, jedoch
betont Roland immer wieder: "Unser Dieter weiß was er macht."
Wenn Unwissenheit positiv stimmt.

In Wien sitzt ein Pärchen unter einer Brücke und liegt sich liebend
in den Armen: "Was glaubst du, wie das alles weitergeht?"
Kurze Stille, ein leichter Druck auf ihrer Schulter: "Ich habe keine
Ahnung, aber es kann nur besser werden, Sonja!"
Ralph: "Ich liebe dich!"
"Ich dich auch!"

Feuerwerk.
Spärlich gegenüber früher.
Die Reichen und Mächtigen feiern eine
neue Weltordnung.

Eine Weltordnung oder
eine Welt ohne Ordnung

Prosit 2030

Zitate zum Abschluss:

Nach dem Euro höre ich schon Rufe nach einer
einheitlichen, europäischen Sprache.

Ulf Dunkel, dt. Grafiker u. Journalist,
Redakteur d. Typografie-Zeitschrift "Invers"

Eine Frau, Europa ist ja eine Frau, jetzt mittleren Alters,
die mehrere Herzinfarkte hinter sich hat, durchlebt gerade
die größte gesundheitliche Krise ihres Lebens...

Timothy Garton Ash (*1955), brit. Historiker - Quelle: DER SPIEGEL

"Ich trete als Tierfreund für die artgerechte Haltung von Menschen ein."

Dieter Moor (*1958), Fernsehmoderator - Quelle: FOCUS

Wir leben alle unter dem gleichen Himmel, aber wir haben nicht alle den gleichen Horizont.

Konrad Adenauer

Nehmen Sie die Menschen, wie sie sind, andere gibt's nicht.

Konrad Adenauer

Mächtige Kräfte erschüttern und gestalten sie um, unsere Welt, und die brennende Frage unserer Zeit lautet, ob wir den Wandel zu unserem Freund statt zu unserem Feind machen

können.

William "Bill" Clinton (*1946), amerik. Politiker, 42. Präs. d. USA (1993-2001)

Der Mensch als Dilemma:

Die Geschichte hat seit jeher gezeigt, dass nicht der Mensch für den Menschen eine Gefahr darstellt, es ist die Kombination von Menge mit Ansicht.

Anders dargestellt ist es wen man mit wem zusammen leben lässt.
Da der Mensch eigentlich ein Tier ist, nicht mehr nicht weniger.
Er hat Instinkte, niedere wie grundmässige.
Er hat Triebe, stammt laut Darwin vom Affen ab.
Der Spruch des "nicht riechen könnens" kommt nicht von ungefähr.
Dennoch versuchten die Regierungen seit jeher, Menschen verschiedenster
Abstammung, verschiedenste Sitten, Riten und Grundeinstellungen
nebeneinander leben zu lassen. Dies ist eine der Voraussetzungen für

Zwist, Unverständnis untereinander und schlussendlich

geschürter

Hass.

Man lasse eine Katze mit einem Rottweiler im Käfig leben, was kommt
raus, höchstwahrscheinlich der Rottweiler.

So ist es ‚dass Muslime grundlegend andere Ansichten vom Leben haben, als der Durchschnitts-Mitteleuropäer.
Dass dies nur funktionieren kann mit klaren Abgrenzungen und Abstrichen
von beiden Seiten ist klar.
Jedoch wie oft kann man Abstriche bzw. Abgrenzungen machen, wenn
man Tür an Tür im Gemeindebau wohnt.
Keine.
Ausnahmen bestätigen die Regel, doch die Regel ist eine andere Vorstellung
als Sie auf dem Programm steht.

Die Medien sind gekauft, und diese zwingen uns in jene Zwangshaltung,
entweder alles zu glauben, oder nichts zu glauben.
Der Mensch ist aber abhängig von Informationen, was dazu führt,
dass er irgendwie doch glauben muss was er liest.
Irrglauben, führt zu falschem Wissen, das die Macht der Medien
allen Unkenrufen zum Trotz verstärkt.
Doch die Menge macht's.
Die Menge an verschiedensten Darstellungen von einem Ereignis.
Welche soweit führt, dass Information zum Informationsmangel
führt.

Der gewollte Infokrieg.

Nicht zu vergessen - unsere Alten! Die seit jeher die
Zeitung aufschlugen um das Neueste aus aller Welt zu lesen,
darüber
mit den Nachbarn zu diskutieren und am Stammtisch etwas
zum
Streiten zu haben.
Weiters die Jungen unsere Zukunft.
Dass dem nicht so sein wird, wie noch einige Jahrzehnte
zuvor, ist
nur allzu logisch.
Denn diese Jugendlichen wurden schon als Kinder zur
Unselbstständigkeit
verzogen.
Dafür kann diese Generation rein gar nichts.

Denn während in den 1980ern noch mit jedem Schmutz wie,
Steine,
Schlamm und Sand gespielt wurde, oder diese Kinder damals
eine gesunde
Watschen abfingen, wird die Autorität in den letzten Jahren
immer mehr zur Memme vergoren.
Die Lehrer haben ein Auftreten, vor dem sich auch nur ein
Hamster
fürchten würde, leiden an psychischen Krankheiten, die man
allesamt
schon wieder neu erfinden muss.
Und in den Klassen gehts linguistisch zu wie hinterm
Bosporus.
So wächst eine Generation von Desinteressierten heran, und
Toleranz muss diesen
Kids wahrhaft schon bei den Ohren rauskommen.
Wir befinden uns in einem Naturspektakel in dem der Stärkere

bestimmt und nicht zum Monster degradiert wird.
Eigene Meinung, fehl am Platz.

So wird die Zukunft wirklich in einem
Jahr 2029
enden.

www.ingramcontent.com/pod-product-compliance
Lightning Source LLC
Chambersburg PA
CBHW051705170526
45167CB00002B/538